陸軍戦闘隊
撃墜戦記 2

中国大陸の鍾馗と疾風

JAPANESE ARMY
AIR FORCE FIGHTER UNITS
IN WORLD WAR II

大日本絵画

◎目次

4 まえがき

飛行85戦隊 最も長く激しく戦った「鍾馗」戦隊

6 敵は速い、P-40の上を悠々と回ってる！

12 新鋭戦闘機「鍾馗」中国の戦線へ

16 在支米軍基地を強襲、戦果挙がらず

20 警報、日本軍に新型高速戦闘機出現！

26 攻守ところを変え、損害が続出

29 P-51は易々と料理されちまいました

39 昭和19年の幕開け、エンジン不調。一向に振るわぬ邀撃戦

48 大東亜決戦機、中国大陸に出現

56 猛威をふるう85戦隊の「疾風」

64 12月18日、戦爆百数十機による漢口大空襲

70 昭和20年1月、漢口への連続空襲

- 72 南京上空、中国戦線最後の勝利

飛行第9戦隊 決戦場にやって来た第2の二単部隊 …… 78

- 78 「一号作戦」を目前にした第5航空軍待望の増援部隊
- 88 昭和19年8月、その後の25戦隊
- 95 「B-29殺し戦隊」黄河上空の二式単戦
- 101 香港への連続空襲、マスタングとの決戦
- 104 ヘルキャットと鍾馗、米海軍艦載機との戦い
- 110 参考文献
- 112 奥付

誰でも知っている名機……、で、何機落としたの？

日本陸軍期待の高速重戦闘機、二式単戦「鍾馗」、大東亜決戦機と言われた四式戦「疾風」。両機は中国大陸にも配備された。両機種とも、飛行機や戦記に少しでも興味を持っているなら、知らない人はいないと言っても良い有名機だ。ところが中国大陸での戦歴だけでなく、他の戦域でもどんな風に戦い、どれくらいの戦果を挙げたのかということになると、まとまった資料はほとんどない。二式単戦「鍾馗」は来日していたドイツ人技師が日本の戦闘機隊がこれを使いこなせれば世界一になるまで絶賛した機体であった。また、四式戦「疾風」も、同機を捕獲してテストした米軍がその高性能に驚愕したという優秀機であった。このふたつのエピソードを知れば、では空戦でどれほど活躍したのかとの期待は、いやが上にも高まる。そして、それを教えてくれる書籍がないなら自分で調べるしかない。と言うことでできたのが本書である。もともと中国大陸で戦っていた隼戦闘隊の戦果と損害について調べていたのだが、調べる過程で隼だけではなく、鍾馗や、疾風が落としたと思われる連合軍機の損害記録がいくつも見つかった。そんなことで、まずは中国大陸で戦った鍾馗と疾風の戦歴を調べることになった。中国大陸で鍾馗を使っていた部隊は飛行第85戦隊、そして9戦隊。疾風といえ

ば、同機を初めて実戦で使用した22戦隊。ところが、これら戦隊の戦歴について系統的にまとめた日本側の記録が、例によって唯一にして最高の基本資料「中国方面陸軍航空作戦」の中にある短い記述と、防衛庁戦史室が編纂した「日本陸軍戦闘機隊」にある短い記述以外に見つからない。そこで、今回も中国大陸の隼戦闘隊について調べた時と同様、まとまった資料がある米陸軍航空隊と中国空軍の記録の中に出現する日本軍戦闘機の記録に日本側の断片的な情報を突き合わせてゆくような方法をとった。

さらに海外の研究者と情報交換を行い主に米空軍の史料館に保存されている「戦闘報告書」や「行方不明空中勤務者記録」などを取り寄せて、日本戦闘機が報じている撃墜戦果を相手側の損害記録と照合していった。当初、米軍はすべての記録を完璧に保存しているのでは、と期待していたが、問い合わせを重ねるにつれ、必ずしも完全ではないことがわかった。特定の部隊のある時期の記録がまるごと紛失されていたり、残っていてもマイクロフィルムの保存状態が悪く読みとれなかったり、かなりの時間と労力を費やしても最善は尽くしたが、とうてい完璧とは言えない結果となった。結論から言ってしまうと、中国大陸の「鍾馗」と「疾風」の活躍と戦果は期待ほどではなかった。だが、筆者の調査は完全ではない。本書に掲載されている相手側損害記録の裏付けのある撃墜確実戦果は、現時点において間違いのない「最小限」の戦果である。今後、新たな資料が発見され、筆者の不完全な調査がより完全なものになる日が来ることを願って止まない。

飛行第85戦隊
最も長く激しく戦った「鍾馗」戦隊

敵は速い、P-40の上を悠々と回ってる！

昭和18年11月10日、10時15分（現地時間）。よく晴れた朝だった。在支米陸軍航空隊、第16戦闘飛行隊のロイ・ブラウン中尉は4機のP-40を率いて衡陽（ヘンヤン）飛行場を離陸。洞庭湖（トンティン・ホウ）の岳陽（ユィエヤン）付近から漢口に至る揚子江の水上船舶掃討に飛びたった。僚機はチャック・アーカート少尉、ウォルター・リチャート中尉とコータムの編隊は上空掩護として高度6千メートルを航進していた。囮の偽飛行機しか置いていない日本軍の岳陽飛行場を過ぎると中国側からの情報通り、河のあちこちにかなり大きな船舶が散在していた。2機のP-40は、揚子江を漢口に向かって遡上しながら船舶を機銃掃射。彼らは全長約20メートルの船を1隻撃沈、応戦を受けたものの、全長約20メートルの船舶2隻を射撃、一隻は発煙、もう一隻は15メートル前後の船舶2隻を射撃、一隻は発煙、もう一隻は甲板まで水没した。

折から地上では日本の第11軍が洞庭湖の西岸にある要衝、常徳（チャンテー）への進攻「江南作戦」を実施中で、揚子江の船舶は進攻部隊への補給の重要な部分を担っていた。この作戦では従来になく多数の米中空軍機が出撃、日本軍への対地攻撃を繰り返していた。現地の第3飛行師団は、九九双軽の飛行第16戦隊、九八軍偵／九九直協装備の飛行第44戦隊、一式戦装備の飛行第25戦隊に進攻部隊への直接協力を命じていたが、後方地区の補給、連絡線の制空は手薄となりがちだった。

ブラウン中尉は無線で掩護編隊に河から離れ、新堤付近で、陸上目標を探すと通告した。実はこの時、上空掩護の2機は12機の日本戦闘機と交戦、撃退はしたものの交戦中にリチャート中尉のP-40が行方不明となっていた。

一方、ブラウン中尉等の2機はトラック縦隊を発見。何台も炎上させ、掃射で日本兵を満足ゆくまで追い散らした。だ

85戦隊、第1中隊長洞口光大尉と機付き兵。後方の二単は緊急出動に備えて、第1中隊を示す白いプロペラスピナーに始動車を繋いでいる。

第16戦闘飛行隊、カーチスP-40K型の列線。400号機は飛行隊指揮官のロバート・ライルズ大尉機(Carl Molesworth collection)。

が、その帰途、彼は前方から太陽を背負って、ゆったりとした縦列編隊で緩降下して来る機影を見つけた。8機いる。その短い翼とずんぐりとした姿は、中国空軍が使っていたリパブリックP-43「ランサー」に見えた。だが翼に日の丸があるぞ。いったいこれは？　見慣れた「ゼロ」の優美な姿とはまるで違う。そして非常に高速だった。

日本の編隊長機は急旋回すると対進攻撃を挑んできた。だが未熟な操縦者らしく旋回が終わる前から発砲を始めた。そして絶好の射撃位置に入ってきた時、ブラウン中尉は日本機の大きな空冷エンジンを照準に捉え、6門の50口径機関砲の引き金を引いた。だが彼はすでに対地攻撃で全弾を撃ち尽くしていた。日本戦闘機は激しく発射火光を閃かせながら突進してくる。だが1発も命中しない。ブラウン中尉は僚機に目を転じた。まったく被弾しなかったのは、敵機が皆、アーカート機を狙っていたからだ。彼の機体は穴だらけにされていた。アーカート機にも弾薬はほとんど残っておらず、彼は時速650キロ近い速度で降下離脱していった。

小太りの日本戦闘機は四方八方から追いすがると次々に長い連射を放つ。日本機は2機、発煙し気息奄々と飛ぶP-40の後上方を悠々と旋回しながら攻撃航過を行った。しかし絶好のカモを撃ち落とす前に全弾を撃ち尽くしてしまったらしい。岳陽を過ぎると追って来る敵機は1機だけになっていた。日本戦闘機は間近まで追って来た。ブラウン中

尉が体当たりを試みると、日本機は岳陽の方角に去って行った。アーカート少尉機は方向舵を撃ち落とされ、燃料タンクは破裂、油圧システムは射抜かれ機体中に大小無数の穴を開けられていたが基地まで飛び、なんとか不時着した。

現地時間の13時10分、リチャート中尉機を除く3機は衡陽に帰り着いた。彼らも上空掩護の2機も8機の中国の民船に乗って帰ってきた。彼は撃墜され、落下傘降下していたのだ。

ブラウン中尉は、ジープに乗って駆けつけて来た第16戦闘飛行隊の指揮官、ロバート・ライルズ大尉と、第23戦闘航空群の指揮官、デイビッド"テックス"ヒル大佐に「今日の敵機はすごく高速で、P-40の上を悠々と回っていました。射撃の腕がごく高度であったから助かったようなものです」と報告し、今日遭遇した敵機が「トージョー」と呼ぶ戦闘機であったことを知った。3週間後、ヒル大佐自身も、この恐るべき「トージョー」と戦うことになる。

以上は米国の研究者スティーブ・ブレイク氏の協力で入手した第16戦闘飛行隊の戦闘日誌と、彼が主宰する米第14航空軍戦友会の雑誌「ジンバオ・ジャーナル」に寄せられたブラウン中尉による体験談をミックスした抄訳である。

一方、昭和18年11月20日の朝日新聞では、10日、13時23分、地上で展開中の江南作戦を上空から掩護するため制空中であった陸軍戦闘機隊は揚子江の嘉魚（新堤の北東50キロ

中国辛亥革命の祖、孫文を記念して広東省の省都、広州に建てられている中山記念堂。「公為下天」の額を掲げている。昭和16年撮影。

85戦隊第1中隊の操縦者、後列左から、細野中尉、洞口中隊長、佐々木曹長、根岸中尉、前列左から、志倉軍曹、羽出曹長、坂上軍曹。

上空において2機のP‐40を発見、逃走を試みる両機を長沙（チャンシャ）上空まで追撃し撃墜したと報道している。当時、長沙はまだ中国側の勢力圏にあったので、米軍の脱出操縦者（リチャート中尉）が救出されたという話にも合致する。現地時間と日本時間には2時間の開きがあるので、新聞記事の13時23分は、米軍からみれば11時23分になる。同地南方数十キロまで追撃、うち1機（アーカート機？）に黒煙を曳かせたが、雲のため墜落を確認することはできなかったとしている。

この時期、中国大陸で米軍に「トージョー」のコードネームを付けられた中島のキ44、二式単座戦闘機「鍾馗」を装備し、漢口付近に出撃可能だった部隊は飛行第85戦隊のみである。当時、戦隊主力は広東に常駐し防空任務に就いていたが、10月6日に第1中隊の6機が漢口防空に抽出されていた。P‐40を一方的に撃墜したのは第1中隊長、洞口光大尉等である可能性が高い。

ブラウン中尉の回想にある日本軍操縦者の射撃の腕については、残念ながら事実であったようだ。中国大陸での航空戦を担っていた第3飛行師団（後に第5航空軍に改編）の司令官、下山琢磨中将自身も戦後に記した回想録で、幼少時から銃器や狩猟に親しんでいた者の多い米軍に比べ、日本の戦闘機操縦者の射撃技量が劣っていたことを認めている。日

露戦争の頃から日本軍は、対戦相手から、砲兵は優秀だが歩兵の小銃射撃は拙劣であると評価されていた。太平洋戦争でもしかり。砲術は科学だから教育程度の高い兵が多い日本軍にとって得手であったが、鈍重といって良いほどの沈着さが必要な小火器の射撃は一般に神経過敏な傾向がある日本人には向かなかったのであろう。日本軍戦闘機乗りの空中射撃の拙劣さも、日本人全般の生育環境や国民性の何かがもたらしたものなのだろうか。

もうひとつ印象的なのは「鍾馗」の対戦相手であるカーチスP‐40の撃たれてもなかなか落ちない頑丈さである。捕獲した機体に試乗した日本陸軍の操縦者は飛行時の偏向が強く、それを修正するためのトリム調整が煩雑で「トリムの奴隷」と酷評しているP‐40だが、防弾性が良く、滅多に空中火災も起こさないことから、仮に撃墜されても操縦者は生きており、落下傘降下や不時着を試み、万難を排して帰ってくる粘り強さにも舌を巻く。

撃たれても容易には発火も墜落もしない戦闘機で、落とされても操縦者が生還してふたたび挑戦してくる戦闘機で戦い、ほとんどの場合、墜落がたちまち戦死につながる日本軍とは対照的なこの米軍の戦い方が、やがて戦闘機の数や、速度、運動性、武装、航続距離等の機体性能の格差、そして操縦者の空戦技量差にも増して、中国大陸の辺境で長く続いた戦いの帰趨を決してゆくことになる。

広東基地で離陸態勢に入った85戦隊の二式単戦。主翼前縁の「黄」が黒く着色しているのに注目。当時、フィルムによっては黄色が黒っぽく発色する場合があった。

滑走路へとタキシングを始めた二単。落下タンクを1個だけ装着している。夏の広東の暑熱が伝わってくるような写真である。

新鋭戦闘機「鍾馗」中国の前線へ

85戦隊は昭和16年3月に、陸軍戦闘機隊の最古参としてノモンハンで死闘を演じた1戦隊と、間もなく「加藤隼戦闘隊」として有名になる64戦隊、この二つの有力な部隊から抽出した人員を基幹として編成された。17年末から18年初頭にかけては、装備機種を九七戦から二式単戦「鍾馗」に改変、ドイツ空軍に倣った2機編隊による「ロッテ戦法」の訓練を開始した。だが固定脚の九七戦からいきなり二式単戦では性能に開きがありすぎた。少飛8期の中沢英雄曹長の回想によれば、両機種のつなぎに一式戦も訓練に使ったらしい。そして18年の初めまでには全員が鍾馗への未修教育を終えている。

絶対に小隊を崩さないで戦う「ロッテ戦法」を日本に伝えたのはドイツ空軍のエース、フリッツ・ロージヒカイト大尉である。彼はメッサーシュミットMe109E型で二式単戦と模擬空戦を行ったことでも有名だ。

渡辺洋二氏が審査部飛行実験部を描いた「未知の剣」（文春文庫）によれば、ロージヒカイト大尉と、陸軍審査部の荒蒔大尉との空戦は日独の戦法が違いすぎたため勝負にならなかったが、同じ頃に来日し、この「鍾馗」に試乗したドイツ人操縦士ヴィリー・シュティーアは「この飛行機を乗りこな

せれば日本の軍航空は世界一になるだろう」と、二式単戦の飛行性能を絶賛している。そして日本人操縦者同士によるメッサーシュミットと鍾馗の模擬空戦は鍾馗の圧勝に終わり、速力、火力、上昇力を重視した重戦闘機として試作にしてみたものの、これまで陸軍が常用して来た九七戦などの軽戦闘機に比べあまりにも違う飛行特性から「難しい機体」としてお蔵入りに終わりかねなかった本機が制式採用される道を開いたのである。

それにしても鍾馗の上昇力は当時としては驚異的なものだった。陸軍審査部の田宮勝海准尉は「飛行日本」誌、昭和19年2月号の座談会で「280キロ／時の上昇角では上昇角余りに大きく、操縦姿勢で両足が天井に向く様で気持ちが悪い」と語っている。また高速性に関しては同実験部の神保進少佐が「実戦で、従来の日本の戦闘機相手に戦って居た敵が、この鍾馗に出会って逃げられる積もりだったのが忽ち捕捉されて散々なものです」。独立飛行第47中隊の一員として昭和17年1月から4月まで南方で、鍾馗の実戦試験を行った経験のある神保少佐は火力についても「この飛行機で同時に発射する時は実に気持ちがよいです。前方を火の玉のようになって飛んで行きます。中略、敵の飛行機が速いほど未来位置までの距離が大きくなる。自分の速度が速くなると修正量が非常に少なくなりますから、よく当たります」と言い、欠点だと言われている機動性についても、神保少佐同様に鍾馗

中島二式単座戦闘機キ44「鍾馗」。日本陸軍が初めて採用した重戦闘機である。米軍は「トージョー」のコードネームを付けていた。

エンジンを離昇出力1520馬力のハ-109に強化した二式単戦二型は、高度4300メートルでの最高速力が600キロ／時に達し、５千メートルまでの上昇時間は４分15秒となった。武装は二型甲が機首に7.7.ミリ機銃２門、主翼に12.7ミリ機関砲２門。乙は機首に12.7ミリ機関砲２門のみ、特別装備として主翼に40ミリ自動噴進砲を搭載している機体もあった。丙は12.7ミリ機関砲４門を搭載していた。

鎧での実戦を経験した光本悦治准尉が速度と上昇力の大きさをうまく使えば、びっくりするような機動もできるとしている。神保少佐はまた捕獲、試乗したP-40と比較して「P-40に乗った点から考えると、600キロから650キロくらいになると、機首の偏向性が出てきて、飛行機が曲がってゆく。それは水平尾翼の関係から方向維持が出来ないのです。そして翼が少し震動を起こしてくる。それが鍾馗は○○○キロくらい出したにも拘らず、ビクともしないんです。そうして舵に無理が来ないんです。P-40はちょっと出して、すぐ足へ、650キロくらい出すと（フットバーを）右足が支えん位になる」、戦時中の雑誌なので秘密保持のため、肝心なところが伏せ字になっているが、少なくとも鍾馗の高速時の操縦性がP-40より優れていたことがわかる。

18年6月、85戦隊は期待の新鋭機を以て中国戦線へ出動した。中国大陸では同年の1月10日に5機の二式単戦が33戦隊（一式戦編成）に配備され、すでに実戦に投入されていた。5月31日、33戦隊は宜昌に来襲した第308爆撃航空群のB-24を迎撃。この戦闘には渡辺少佐が指揮する二単編隊も加わり、日本側では「敵に大きな心理的影響を与えた」と言われているが、残念ながら、米軍の記録を読んでも彼らが日本の新型戦闘機の出現に気づいた痕跡は見つからなかった。

7月3日、85戦隊は南京に到着。5日、「加藤隼戦闘隊」の名で有名な陸軍の最精鋭、64戦隊から新編成の85戦隊の基幹要員としてやって来た若松幸禧大尉が率いる第2中隊のみがまず南支の広東（カントン）に移動した。明治44年、鹿児島県に生まれた若松大尉は昭和7年11月、第41期操縦学生として戦闘機操縦者となり、飛行学校での助教勤務の後、少尉候補生として13年末に航空士官学校を卒業、以来、実戦経験はなかったものの戦闘機操縦者としての経験は足かけ11年にも及んでいた。

朝日新聞記事（7月9日）によると7日、広東では早くも空戦が起こった。10時5分、戦爆20数機が広東省の黄埔に来襲、田圃に投弾し北西に遁走、邀撃した戦闘機隊は撃墜確実1機、不確実1機の戦果を報じ、損害は皆無だったとしている。なお撃墜戦果を挙げたのは広東に在住する一万三千人の邦人が献納した戦闘機「愛国広東号」であったという。来襲機はB-25を掩護する在支米軍、第74戦闘飛行隊、同日付けで同飛行隊の指揮官となったボナウィッツ少佐が率いるP-40であった。かれらもこの日、広東上空で邀撃してきた一式戦8機との空戦で、10時20分、第23戦闘航空群指揮官のヴィンセント大佐が「ゼロ」の撃墜確実2機を報告した他にも、別の操縦者達が撃破4機を報告している。米軍の損害は不明だが、戦死、行方不明者が出た様子はない。交戦したのは、当時、広東の防空を担当していた33戦隊第2中隊の一式戦と思われるが、到着早々の若松隊の二式単戦も邀撃に上がったかも知れない。

赤い中隊色を塗られたスピナーから「赤鼻の撃墜王」と
呼ばれた85戦隊の第2中隊長、若松幸禧大尉。

一方、85戦隊主力は8日、中支の武昌に進出した。朝日新聞記事によれば、広東では12日にも米軍機が来襲。黄埔で耕作中の農民を低空から掃射、十数名を殺傷、日本軍（戦闘機）の追撃で遁走したとされている。85戦隊は7月中旬から中南支航空戦に参加していたので、7日はともかく、この広東空戦には参加していた可能性が高い。しかしこの日も戦果なし、損害なしだった。7月は全般に天候が悪く、両軍ともに航空作戦が可能な日は少なかった。

在支米軍基地を強襲、戦果挙がらず

同年7月24日は、中国大陸の中部〜中支、南部〜南支の航空戦を担っていた第3飛行師団による昭和18年の夏期航空撃滅戦2日目であった。85戦隊もこの攻撃に参加した。秦郁彦、伊沢保穂両氏による日本陸軍戦闘隊に関する唯一無二の基本資料「日本陸軍戦闘機隊」によれば、広東から離陸する若松幸禧大尉率いる第2中隊は桂林に進攻、武昌（揚子江を挟んだ漢口の対岸）の85戦隊主力は33戦隊とともに58戦隊の九七重爆を掩護して、零陵（リンリン）に進攻した。防衛庁戦史室編纂の「中国方面陸軍航空作戦」では進攻先を衡陽としているが「日本陸軍戦闘機隊」のみならず、当時の朝日新聞記事（7月25日）、米軍の資料でもこぞって、この日空戦があったのは零陵、そして別働隊が桂林に来襲した

としている。従って日本の戦爆連合が進攻したのは衡陽ではなく、零陵に違いない。

58戦隊の重爆は漢口飛行場上空で25、33戦隊の一式戦と空中集合した。当時、中国の主要部に張り巡らされていた多数の対空監視哨からなる「航空監視網」に配置されていた中国人隊員は重爆が漢口から離陸、零陵に至るまでその航路をずっと追いつづけ、米国から供与された無線機で情報を次々とリレーし防空本部に送っていた。

日本機の動向を手に取るように知っていた在支米軍の第14航空軍、第76戦闘飛行隊のビル・ミラー大尉が率いる6機のP-40は零陵の上空、これ以上考えられないほど有利な位置で待ち伏せていた。彼らは零陵で爆撃機5機の撃墜確実、撃破2機、ゼロの撃墜確実2機、不確実1機、撃破1機を報じ、P-40は全機が無事に帰還している。

第74戦闘飛行隊のボナウィッツ少佐の指揮下、桂林を離陸した6機のP-40は「桂林上空」で爆撃機の撃墜3機、ゼロの撃破1機を報じているが、空戦でボナウィッツ少佐機が被弾して「零陵」に胴体着陸、彼の編隊にいたバーンズ少尉は撃墜されて戦死した。だがボナウィッツ少佐の6機が桂林上空で日本の戦爆編隊と交戦したというのは、少々おかしな話だ。筆者が参照したフランク・J・オルリック氏の「米陸軍航空（中国・ビルマ・インド戦域）空戦撃墜戦果」リストの誤記ではないかと思う。漢口から零陵に飛来した編隊が

85戦隊の列線。

胴体に赤い帯を巻いた85戦隊、第2中隊の二式単戦。

往路、または復路にしても桂林にゆくには片道2百キロ、往復4百キロもの遠回りが必要である。もし迂回機動だとしても、わざわざ米軍戦闘機隊の基地上空を通るのはおかしい。桂林上空で被弾したボナウィッツ少佐機が、わざわざ2百キロも離れた零陵まで飛んで不時着したというのも妙だ。ボナウィッツ少佐が交戦したのは零陵の上空だったと思われる。零陵上空の空戦では25戦隊がP-40撃墜5機を報告しているが、実際に58戦隊の重爆で撃墜されたのは1機のみで、他の被弾機も一式戦1機を失っている。また25戦隊も1機を爆撃機の撃墜8機を報告しているが、実際に機上戦死2名の損害を被っている。

米軍はこの日、爆撃機の撃墜8機をP-40撃墜5機だったと報告している。

ボナウィッツ少佐の6機から約1時間遅れ、桂林からはホロウェイ大佐の指揮下、第74戦闘飛行隊のP-40と、第449戦闘飛行隊のP-38が離陸、広東から偵察のために飛来した「ゼロ」8機と交戦した。85戦隊第2中隊の若松幸禧大尉機他の「鍾馗」は、当時よくあった海軍の「ゼロ〜零戦」と誤認され、この米軍機と交戦したのおそらくはここで初めて実際の空戦を経験したものと思われる若松大尉はP-40の撃墜2機を報告している。若松大尉は、第2中隊長として中隊の色で、乗機のスピナーを赤く塗装していたため、その後「赤鼻」あるいは「赤ダルマ」隊長として有名になってゆき、遂にはその首に数万元の賞金が掛けられたというが、中国側の資料でその裏付けをとることは

できなかった。

ホロウェイ大佐以下、第74戦闘飛行隊のP-40は桂林上空でゼロの撃墜5機、中国に到着したばかりのP-38部隊、第449戦闘飛行隊のルーデン・エンスレン中尉が桂林飛行場の上空でゼロの撃墜1機を報告している。85戦隊は桂林上空で2機を失った。ロバート・ケイジ中尉機に撃たれて炎上したニ式単戦からは操縦者が落下傘降下、中国人に収容された米津文生軍曹か、岡田福一伍長のいずれかであろう。この日未帰還になった米津文生軍曹は重傷で助からなかった。

以上のような状況から考えて、バーンズ少尉機を撃墜したのは百戦錬磨の「隼」、25戦隊機であった可能性が高い。第74戦闘飛行隊では、さらにミンナック中尉機が被弾のため不時着しているが、どちらの空戦でやられたのかわからない。これが若松大尉が報告している戦果かも知れない。だとしても85戦隊の初交戦は、撃墜に近い撃破1機の戦果を挙げたのみで2機を失い、米軍が新型の戦闘機を投入したことにすら気づかないという結果に終わったのである。

7月23日、24日、25日に実施された夏期航空撃滅戦で、日本側は不確実を含む28機の撃墜を報告し、12機(戦闘機8機、重爆4機、戦死36名)を失った。これに対して米軍の戦死者は1名、そもそも撃墜戦果も誇大で、筆者が確認できた米戦闘機の喪失は6機。もっとも米軍の戦果報告も、撃墜確実35

機、不確実18機、撃破8機という過大さだった。一連の航空撃滅戦は日本側の明らかな敗北であった。しかし当時の朝日新聞（7月29日）は、米サンフランシスコ放送が撃墜28機という大本営発表を否定したことに苛立ち「戦時下の米においては大本営発表を否定したことに苛立ち「戦時下の米においては飛行機そのものの犠牲よりも、搭乗員の命に別条ないという報告をもって国民に対する最大の宣伝義務としている」などと書いている。現代の我々の感覚からすれば、では「日本においては操縦者の生命よりも飛行機そのものが大事なのか」と反問し、記者の精神状態を疑いたくなる内容だが、建前にせよ、当時はこんな記事がまかり通っていたのである。

陸軍による在支米軍基地への強襲作戦はさらに継続された。

7月30日、60戦隊の重爆を33戦隊の一式戦が直掩、25戦隊が同行協力、中原義明大尉率いる85戦隊の一式戦第3中隊の二単9機が同時攻撃という部署で衡陽飛行場を攻撃した。衡陽は漢口／武昌から約430キロ、湘江沿いに飛んで1時間半弱の航程である。零陵よりも100キロほども近い。だが日本機の行動は例によって中国側の航空監視網によって逐一把握されており、米軍は日本軍が防御側を混乱させるために爆撃機とそれを掩護する主力以外に別働隊の一式戦9機がいったん大きく西に旋回し、次いで南方から衡陽に進攻して来たと記録している。この「9機の一式戦」こそ、85戦隊の二式単戦であったと思われる。

二つの編隊の行動を知っていた第75戦闘機飛行隊のチャーリー・ゴードン中尉はまず、小さい戦闘機編隊、つまり二式単戦部隊を攻撃すると見せて、急に踵を返して爆撃機を襲った。中原大尉が率いる二式単戦9機は高空からP－40、7機を攻撃して6機を撃墜（2機は不確実）したと報じている。第75戦闘飛行隊ではウィリアム・S・エッパースン中尉のP－40が射撃で尾部を切断され錐揉み状態で墜落、彼は戦死した。また第76戦闘飛行隊のハワード・H・クリッパー中尉は搭乗のP－40が射撃されて頭部に軽傷を負い落下傘降下した。第75戦闘飛行隊は爆撃機4機、戦闘機3機を確実に撃墜した他、不確実6機を報じている。実際の損害は2機、60戦隊が重爆を1機、85戦隊が二単を1機喪失。太田敏夫軍曹が戦死した。この空戦では直掩の33戦隊もP－40、1機を報じているので、実際に落とされた2機のP－40のうち、少なくとも1機は間違いなく85戦隊の撃墜戦果ということになる。2回の進攻戦での85戦隊の戦績は、二式単戦3機と操縦者3名を失い、間違いのない撃墜戦果は1機のみというはなはだ不本意なものだった。戦果不振の原因は、やはり戦隊としての実戦経験の乏しさであろう。米軍は今回もまた日本側に新型の戦闘機が登場したことにすら気づいていない。

7月末から8月下旬まで、中支では低気圧による荒天と台風の来襲がつづいた。こうして、戦果少なく犠牲のみが多

かった航空撃滅戦も中休みを迎えた。8月中旬、85戦隊の主力は武昌から、これまで第2中隊だけが派遣されていた広東に移動した。そして米軍は、この8月から二式単戦の威力を思い知ることになる。

警報、日本軍に新型高速戦闘機出現！

8月20日、とうとう鍾馗がその真価を発揮する日が来た。

早朝、桂林飛行場は中国の航空監視網からの警報で目覚めた。敵9機が基地に向かっているとの情報を得て、第23戦闘航空群の指揮官、ブルース・ホロウェイ大佐は自ら警急編隊を率いて離陸した。だが日本機は桂林に達する前に方向を転じ漢口に帰って行った。ところがホロウェイ大佐等のP-40が着陸していくらもたたないうちに再び基地に接近中の日本機編隊がいるとの情報が入った。今度は大佐と、第74戦闘飛行隊指揮官ノーヴェル・ボナウィッツ少佐が14機のP-40を率いて緊急離陸した。

11時15分、20機以上の日本機が視界に現れた。だが、いつものように爆撃機を伴ってはおらず戦闘機だけだった。高度は非常に高い。9千から1万メートルに見え、P-40の上昇限度を越えていた。この日、第3飛行師団はかねてから計画されていた戦闘機のみによる攻撃、英語でいうところの「ファイター・スウィープ、戦闘機掃討」作戦を実施したの

だ。25戦隊と、33戦隊の一式戦は9時30分に武漢を出発、85戦隊は広東から出撃し、同時に桂林を襲った。一旦、漢口に戻るような航路をとった日本編隊は、同時攻撃のため、85戦隊と空中集合しようとしていた一式戦だったのかもしれない。

日本機はこれまで米軍の専売特許だった高空からの一撃離脱攻撃を反復し、ホロウェイ大佐の編隊は日本機よりも数百メートルも低い高度を飛び回りながら、降下攻撃を待つしかなかった。数分のうちに2機が撃墜され、トルーマン・ジェフリーズ大尉と、中国人のY・K・マオ中尉が戦死した。クルックシャンク大尉は日本戦闘機2機を捕捉し、撃墜確実2機を報じたが、ボナウィッツ少佐を攻撃した日本戦闘機の追撃を試みたホロウェイ大尉は、降下攻撃から余力上昇に入った日本機が高速でたちまち射程外に去ってゆくのを見送るしかなかった。この日初めて、在支米軍は日本軍が新型戦闘機「トージョー」を使い始めたことを認識し「日本軍が新型高性能の新型機が現れ、米軍流の一撃離脱戦術を模倣している」と、全軍に警報を発した。この日桂林に進攻した25、33、85戦隊のうち撃墜戦果を報じているのは、撃墜確実1機、不確実2機の33戦隊と、撃墜確実1機の85戦隊第2中隊だけである。85戦隊は全力22機で出動したが、交戦できたのは若松大尉の第2中隊のみだった。

若松大尉は昭和18年8月22日の朝日新聞に、友軍編隊の

細かい網目迷彩を施した85戦隊の二式単戦。脚カバーにまで迷彩が施されているのは、この迷彩が機体を地上で隠すために施されていることを示している。

偽装網の下に隠されている85戦隊の二式単戦甲。手前の台は試射の際、機体を水平に支える時に使用する。

二単の操縦席に入った野村秋好准尉。

尾翼に平仮名の「に」を入れた
85戦隊の二単。

後方に迫るP-40の4機編隊の下後方150メートルから接近、30メートル付近からこの4機に斉射を加え、うち2機が反転して視界から消えたところで次の攻撃に移った。4機のうち3番機は発火して錐揉状態で墜落、2番機はガソリンを漏洩させているのを見届けたとの証言を寄せている。例によって実際に撃ち落されたとされた2機のうち少なくとも1機は若松隊の戦果と見なしてよいのではないだろうか。若松隊、未来のエース野村秋好曹長の二式単戦は戦闘加入直前、エンジンが停止、自爆を決意した急降下中に回復して生還した。米軍は二式単戦の撃墜2機を報じているが、進攻に参加した3個戦隊は全機が広東に帰還した。

しかし米軍の反撃は素早く、給油を済ませたP-40は第11爆撃飛行隊のB-25、6機を掩護して日本機が帰った広東に来襲した。33戦隊と85戦隊が邀撃に上がったが戦果を報ずることはでず、33戦隊では一式戦1機が未帰還となった。爆撃自体は、米軍が目標を誤認したのか、普段は使っていない南村飛行場に投弾したため被害はなく失敗に終わったが、一式戦の撃墜確実4機を報じた米軍は全機が帰還、空戦は日本側の敗北となった。

8月から広東の白雲山には、第15航空情報隊の特種監視隊が配備された。西村少尉以下が操るのは超短波の電波警戒機、すなわち対空レーダーであった。米軍の前線基地である桂林に向かって130度の範囲、距離250キロ以内に迫っ

た機影を捕捉することができた。しかし高度800メートル以下は死角であり、8時間から10時間連続運転したら、1時間は休止しなければならないなど、まだまだ完全な兵器ではなかったが、これ以降、邀撃戦に威力を発揮することになる。

翌、21日、同じく8月に入ってから岳州の金鶏山に配置された第15航空情報隊の電波警戒機が米軍機の飛来を事前に捕捉、漢口では25戦隊の一式戦が第308爆撃航空群のB-24を効果的に邀撃し、2機を撃墜、10機を損傷させた。金鶏山の電波警戒機は24日にもその威力を発揮。25戦隊と33戦隊の一式戦は米戦爆連合の来襲を有利な位置で迎撃し、B-24を4機撃墜、3機を損傷させた実戦果である）。

26日、ふたたび米陸軍航空隊の矛先は広東に向かった。第76戦闘飛行隊と第16戦闘飛行隊のP-40、12機が、5機のB-25を掩護して広東の天河飛行場を襲撃。第76戦闘飛行隊のウィリアムズ大尉は、飛行場でまだ離陸中の「ゼロ」を発見。その上昇力のすごさに驚いた。だが高度差を利用した高速で襲いかかり1機を撃墜、もう1機にも命中弾を見舞った。銀白色の日本軍戦闘機はそれまでよりも大型だった。1機が彼の後方についた。大尉のP-40は降下加速して左に旋回、いつもの「ゼロ」ならこれで振り切れるのに日本の新型機はまだ食らいついて来ていた。ウィリアムズ大尉は

雲の中に逃げ込んで辛くも難を逃れた。

帰途、大尉は「ゼロ」の追尾射撃を受けて白煙を曳き、油圧をやられたのか主脚が片方降りたまま逃げるP-40を見つけ扶援、そのゼロは射撃を受け、背面となり黒煙を噴出して墜落した。撃たれていたP-40は日本軍と中国軍の最前線付近の曲江に胴体着陸、操縦のロバート・スウィーニー中尉は中国軍に救出されて生還した。

この空戦に参加した85戦隊は13時20分、二式単戦で邀撃、撃墜確実2機、不確実2機の戦果を報じている。第3中隊長の中原義明大尉は朝日新聞のインタビューに、旋回しつつ来襲を待ち、当初はB-25を狙ったが、P-40の妨害で果せず、韶関上空で上昇してくるP-40に対して食い下がって行った。敵機の焼夷弾を回避しつつ、ちょうど射程内に入った敵を地上すれすれまで追いつめ、谷間に墜落するのを認めて帰還したと答えている。また中村守男中尉も雲高300メートル、地上激突の危険を冒して敵機を地上すれすれまで追いつめて撃墜したと報告している。

次いで、14時30分、第74戦闘飛行隊のP-40、7機と、第449戦闘飛行隊のP-38、10機はB-24を掩護、香港を襲った。この戦爆編隊も帰途、約20機の日本戦闘機と交戦。第23戦闘航空群の指揮官、ヴィンセント大佐が撃墜確実1機、不確実1機、ジャーモン少尉が撃墜確実1機、P-40が撃墜確実3機、B-24が撃墜確実2機じるなど、P-40が撃墜確実3機、B-24が撃墜確実2機

不確実4機、撃破1機を報じたが、程敦栄少尉が操縦するP-40が被弾、平楽に不時着した。しかし両空戦を通して、日本側に損害はない。程少尉機に命中弾を見舞ったのは85戦隊機にほぼ間違いない。

この日の空戦に参加した米空軍の証言からも、この頃、85戦隊の二式単戦は迷彩を施さずジェラルミンの地肌を露出した無塗装であったことがわかる。7月の進攻作戦に参加した無塗装の二式単戦は迷彩を施さずジェラルミンの地肌を露出した無塗装であったことがわかる。7月の進攻作戦に参加した「鍾馗」として朝日新聞に掲載されていた写真にも無塗装の二式単戦が写っている。

9月2日、85戦隊は香港空襲の米軍機を追撃し撃墜2機を報じた。この日は、桂林からB-25、10機と、P-40、5機が香港の九龍を空襲。帰途、日本戦闘機5機と交戦、米軍側も撃墜不確実3機を報じている。その後、ホーキンス中尉と、アンダースン中尉のP-40は2機の「ゼロ」に40分余りも追跡した。遂に燃料が切れ両名とも南雄の補助飛行場に着陸した。迫っていた雷雲を恐れたのか、零戦と間違えられた日本戦闘機「鍾馗」はその直前に引き返して行ったという。着陸を遠望した日本側がP-40を不時着と判断したのかも知れない。P-40はそこで給油、基地に戻った。日本側にも損害はなかった。

この頃、85戦隊では二式単戦二型のエンジン「ハ109」の不調に悩まされ、同戦隊は当分進攻作戦には参加できないとされ、この2日には本来、85戦隊の任務であった広東、香

香港の九龍半島を爆撃する第341爆撃航空群のノースアメリカンB-25爆撃機。1943年9月2日の撮影。
(Carl Molesworth collection)

始動車を前に警急姿勢で待機する85戦隊第1中隊の二式単戦。操縦者は暑さを避けるため機体の下で横になっているように見える。

港方面の防空を引き受けるため一式戦装備の25戦隊主力が広東の天河飛行場に移動してきた。二式単戦のエンジン不調については、至急内地から技術者を派遣して解決するよう手配されたというが、根本的な解決には至らず、この問題は以後も尾を曳くことになった。

4日午前、「特情」（無線傍受情報）が連合軍機の出撃を察知した。次いで白雲山に据えられた電波警戒機が北方から接近する大編隊の接近を告げ、全邀撃戦闘機が離陸したが、損害もなく、戦果も挙げられなかった。この日、11機のP-40は日本戦闘機を見かけると全速で遁走してしまい空戦にならず、また上昇しつつの追撃では高速で飛ぶ10機のB-25も捕捉できなかったらしい。だが米軍側はゼロ10機と交戦、撃墜確実3機、不確実1機と報告している。85戦隊では緊急離陸に即応できるよう暖気運転が励行されることとなった。

第15航空情報隊が「特情」を得るために、米中軍による無線交信の傍聴に使っていたのは米国製のRCA111受信機だ。昭和13年8月に上海で、一台千円の価格で8台購入した機材である。うち3台は第16航空情報隊に渡された。当時の千円といえば、小さな一戸建て住宅が一軒建てられるほどの価格だった。

攻守ところを変え、損害が続出

9月9日13時18分、広東、白雲山の電波警戒機は300度方向、距離190キロにまたも大編隊の来襲を捉えた。25、33、85戦隊の可動全機が邀撃のため離陸。全機が広東の上空で来襲を待った。13時45分、第11爆撃飛行隊のB-25、8機と、第74戦闘飛行隊のP-40、11機が広東の白雲飛行場を攻撃した。33戦隊は接敵できなかったが、25戦隊は低位から攻撃、P-40撃墜2機を報じる、85戦隊もP-40撃墜1機、B-25撃破1機を報じたが、戦隊の中原義明大尉機が未帰還となった。交戦した第74戦闘飛行隊は白雲飛行場上空でゼロの撃墜確実3機、不確実3機、撃破1機を報じている。P-40は2機が手ひどく被弾しただけで、墜落機はなかった。B-25の損害は射手1名が頭部に負傷したのみだった。

この日の夕刻、広東への第二次空襲中、誤って空戦圏に進入してきた日本軍輸送機が第449戦闘飛行隊のP-38に撃墜されてしまった。同機には第3飛行師団長である中薗盛孝中将が搭乗しており、同乗していた参謀将校、下士官等とともに戦死してしまった。飛行団では17時から18時のあいだ、広東への進入不可と打電したのだが、師団長機はこれを受信できなかったのである。

この日夕刻、ふたたび来襲したP-38を85戦隊の若松隊が追跡したが取り逃がし、前日の復仇はならなかった。11日、下山琢磨中将が後任として、第3飛行師団長に任命された。

この日、25、33戦隊は仏印へ移動、再び広東、香港地区の防

警急姿勢の85戦隊。機首の前には始動車。右には燃料給油車が見える。

胴体下面まで暗色で塗装した二85戦隊の二式単戦。スピナーの色から第2中隊の所属と思われる。

桂林へと直接向かった85戦隊は、10時5分から10時55分にかけて、桂林と義寧の間でP-40、9機、P-38、10機と交戦。佐々木重治曹長機が義寧縣の西北に墜落、戦死した。7月24日にも85戦隊機が桂林上空でケイジ中尉の第74戦闘飛行隊のロバート・日本戦闘機の撃墜確実1機を報じている。これが佐々木曹長の鍾馗であったに違いない。坂川部隊の桂林進攻は5分遅かったのである。

6日、遂川進攻。85戦隊は戦爆編隊突入の10分前に飛行場に進攻したが、戦爆編隊は襲撃され、90戦隊の双軽1機が撃墜された他、多数機が被弾。25戦隊の一式戦も1機が撃墜されてしまった。米軍に損害はなく、この攻撃を以て、昭和18年の夏期航空撃滅戦は閉幕となった。

防空戦では次々と撃墜戦果を挙げ、猛威を振るった中国の日本陸軍戦闘機隊だったが、10月に入ってからの進攻3回は日本側の一方的な敗北に終わった。P-40の火力が大きいことと、日本軍爆撃機が発火しやすいことや、航空情報隊と戦闘機、あるいは飛行機相互の無線通信がうまく行かず空戦の柔軟性や能率を殺いだことが敗北の原因であったとされている。10月は下旬まで悪天候がつづき、中国での航空戦は一時、下火となった。

10月25日、第341爆撃航空群の第11、第22爆撃飛行隊B-25、12機はP-40の掩護のもと、香港を空襲。対空砲火と

空は85戦隊のみが引き受けることになった。しかしその後は12日にP-38による小規模な空襲があったのみで、しばらく広東、香港地区への空襲は絶えた。

10月4日、仏印から復帰した兵力を以て、第3飛行師団は全力で桂林に進攻。日本側資料によれば、第449戦闘飛行隊のP-38が11機と、P-40が8機、10時41分、桂林東南の太和で日本機と交戦、P-38がゼロの撃破2機を報じている。この爆撃では爆弾約100発が投下され、修理工場が被爆、中国人作業員十数名が死傷した。日米共に墜落機はなかった。台湾で出版された「空軍抗日戦史」によれば、この日来襲した日本戦闘機25機のうち何機かは漆黒に塗装された新型で、高度一万メートル以上で進攻して来たが、高々度ではP-38の性能に及ばなかったとされている。これが85戦隊の二単であったことは間違いない。米軍の報告が正しいとすると、7月または9月の初旬に、中国の前線にやって来た二式単戦は8月末までに無塗装の状態で中国の前線にやって来た。おそらくは暗緑色の迷彩塗装を施されたことになる。だが12月になっても銀色の二式単戦の目撃された報告がある。全機が迷彩されたのではなかったのかも知れない。

5日、再び、桂林へ進攻、坂川少佐が指揮する25、33戦隊は戦闘機掃討のため柳州、長安鎮上空を哨戒しつつ、11時、桂林に向かったが米軍機に遭遇しなかった。一方、広東から

日本戦闘機の邀撃を受け1機のB-25がひどく損傷。目標地区から逃れた後に墜落した。当時、広東で防空任務についていた85戦隊の戦果と思われる。

11月3日、85戦隊は広東でP-40と交戦、四鬼義次中尉が戦死した。P-40の所属は広東の南東で18機の「ゼロ」と交戦し、ゼロ撃墜3機を報じている第74戦闘飛行隊と思われる。第74戦闘機隊では、戦隊の宿敵ロバート・ケイジ中尉のP-40が被弾し桂林に胴体着陸したが、損害はそれだけだった。前日の2日、桂林にはP-51A型が飛来していた。中国に初めて到着したこれらのマスタングは第76戦闘飛行隊に配備された。

10日、冒頭で挙げた岳州での空戦によって、二式単戦は一方的にP-40を1機撃墜した。

21日、戦隊の平井敏明伍長（少飛8期）が恩施で戦死。この進攻作戦では中国空軍のP-66が3機撃墜され、恩施に進攻した25戦隊と双軽は全機が無事に帰還している。戦史叢書「中国方面陸軍航空作戦」には同作戦に85戦隊機が参加したという記述はない。しかし中国側の記述に「この空戦には通常のゼロの他、緑色に塗られ機首が黒く、重々しいエンジン音で速度と上昇に優れた新型戦闘機3機が混じっていた」という目撃証言がある。また朝日新聞には11月21日、恩施飛行場上空の空戦で、P-43を1機撃墜後、もう1機に体当たり戦死した和歌山県出身の少年飛行兵「石井伍長」の記事が掲載されている。石井は氏名の誤記で、これこそが85戦隊、平井伍長の戦死状況ではないかと思われる。そうだとすると、この空戦に同戦隊が加わっていたことはほぼ間違いない。おそらく当時、漢口に派遣されていた第1中隊の所属であろう。中国側の記録を見ると、同空戦には確かにP-43も参加し、第21中隊の副隊長、劉尊が乗るP-43は中国戦闘機を追撃中の日本機を攻撃、発火墜落させたと報告している。この日、撃墜されたP-43はなかった。

P-51は易々と料理されちまいました！

12月1日、B-25、17機と、第76戦闘飛行隊P-51A型10機が、B-25掩護のため桂林から広東と香港に向かって離陸した。戦闘機隊の指揮官は中国戦線の伝説的な英雄、最終的な撃墜戦果が14機に達するエース中のエース"テックス"・ヒル大佐だった。彼は、出撃した4機からただ1機になり穴だらけのP-40に乗って衡陽に帰ってきたロイ・ブラウン中尉から日本軍の新型戦闘機の話は聞いていたが、まだ出くわしたことはなかった。香港へ向かう途中、エンジン不調などを訴えて2機のP-51と、4機のB-25が帰還したが、18分後、桂林から第二陣のP-40が24機出動した。

目標上空に達し、第76戦闘飛行隊の中尉を僚機に従えたヒル大佐の2機編隊が北に旋回、上昇にかかった時、後続の

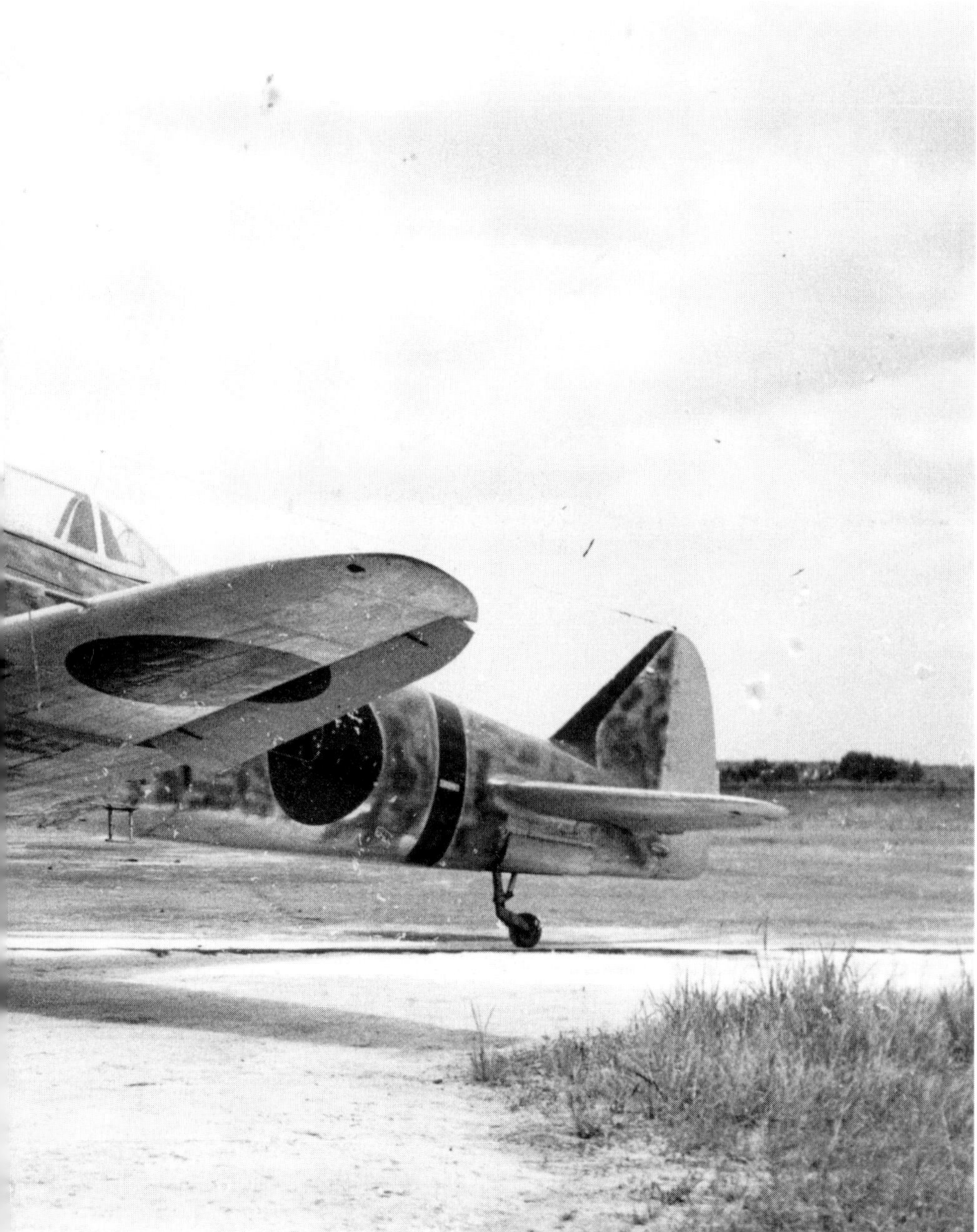

南京に到着した85戦隊の二単は、ここで最前線への進出に備えて迷彩塗装を施された。

4機編隊が二式単戦に襲われた。無線に「ゼロ！」という叫び声が入り、ベル中尉とザヴァコス中尉のP-51は降下、高速で退避したが、ウィリアムズ大尉と、コルバート中尉の2機は先行するヒル編隊に追従して上昇旋回による回避運動に入った。上昇中のP-51は速度が出ず、両機はたちまち日本機に追いつかれてしまった。ウィリアムズ大尉は5機の「トージョー」を目撃、うち1機がコルバート中尉機の後方に迫り、冷却器に命中弾を見舞った。大尉が旋回降下しその二式単戦に扶援射撃を送ると、ふたたび高度を回復するために機首を上げるとエンジンが息をついた。計器を見ると油圧が下がっている。大尉が中弾を見ると、二単は海の方に旋回降下して行った。ウィリアムズ大尉の機も被弾していたのだ。帰途、彼は水田に胴体着陸、操縦席から飛び出すと機体は炎上した。彼は中国の便衣隊に助けられ生還。被弾で脚に負傷、落下傘降下したコルバート中尉も同様に生還した。第14航空軍では日本軍占領地域に助けられた者はもう戦闘任務には就けないことになっていた。生還した操縦者がもう一度、日本軍領内で脱出し、捕まって尋問されたら前回、彼の生還に協力した中国人の素性を明かしてしまうかも知れないからである。コルバート中尉、ウィリアムズ大尉の2人はインドを経てカラチに送られ、そこで新人に戦闘訓練を施す教官として勤務することになった。

最近出版された"デックス"ヒルの自叙伝によれば、大佐自身のマスタングも二単に捕捉されて「スイスチーズ」のように穴だらけにされて、一時は落下傘降下を考えたほどだったが、なんとか基地にたどり着いたという。結婚のため半年余りも帰国していて、この日に初めて二式単戦と交戦したヒル大佐は昆明の米第14航空軍の司令部でシェンノート少将に「閣下、敵は新型機を配備しました。P-51は簡単に料理されてしまいます。今後、奴らを撃墜できるかどうか分かりません」と報告した。シェンノートは"デックス"、空で勝てないなら、連中が地上にいる時に潰してやればいい」と答えた。彼は日本軍に負けるなどということは、検討するのも嫌な男だったとヒル大佐は回想している。

日本の新型戦闘機は一方的にP-51A型2機を撃墜、1機を撃破したのである。米中国側も襲ってきた日本の新型戦闘機のうち2機を撃墜したと報じている。

中国戦線のP-51は11月25日、ヒル大佐の指揮下、台湾の新竹海軍基地への奇襲でデビューした。そしてこれが、米軍の損害記録と合致する日本戦闘機隊による中国でのP-51初撃墜であった。朝日新聞の記事（昭和18年12月3日）には1日、午後3時頃、B-25、10機、P-40、20数機が香港地区に来襲。空戦の結果、P-25、P-40、7機を撃墜（不確実を含む）。邀撃に上がった戦闘機は全機が無事に帰還したとあ

る。交戦したのは当時、香港の防空を担当していた85戦隊の二式単戦に間違いない。筆者が知る限り、二式単戦がA型とはいえ、P-51に完勝した空戦は他に例がない。

この日、中国大陸の航空戦では、中国空軍、米陸軍航空隊に続き、第三の空軍の戦闘機隊、米支混成空軍が作戦を開始した。同空軍は文字通り米国人と中国人空中勤務者の混合部隊で、B-25を装備する第1爆撃航空群と、P-40装備の第3、第5戦闘航空群の3個航空群から成っていた。B-25装備の爆撃隊は10月から実戦に参加していたが、戦闘機隊はこの日に初めて爆撃隊掩護のため桂林飛行場から出撃、任務を終え、無事に全機が帰還した。

翌2日、16戦隊の双軽16機を25戦隊の一式戦が掩護して遂川飛行場を攻撃。攻撃隊は15時10分、予定通り攻撃を終了したが、空地に米軍機を認めなかった。だが第76戦闘飛行隊のP-40N型は攻撃隊を追尾、襲撃の機会を窺っていた。広東からこの攻撃に参加した85戦隊の中隊長編隊が下方の米軍機を攻撃した。その時、上空掩護を行っていた二単編隊はさらに上方から攻撃され、南雄付近で85戦隊の西川保軍曹（少飛7期）機が自爆した。日本側はこの空戦でP-40N型2機を失い、ノフツーガー中尉と、バルロック中尉が落下傘降下。両名とも負傷していたが、ゼロの撃墜確実1機とツーガー中尉は落とされる前に、ゼロの撃墜確実1機と

二式複戦1機（双軽との誤認か？）の撃墜確実とゼロの不確実2機、撃破1機が報じられている。しかし西川機以外の損害は記録されていない。

ノフツーガー中尉と、バルロック中尉の両名のみならず、撃墜された米軍操縦者がよく生還できたのは、中国本土、日本軍占領地の背後にまで浸透して活動していた戦略事務局（OSS）の情報隊員の活躍による功績が大きい。だがより確実に操縦者を救出するためには、結局、中国人の協力者に日本軍よりも高額の褒賞金を支払う必要があった。これはかなりの経済的な負担で、第14航空軍は資金不足に陥せることさえあったという。こんなことも、第14航空軍将兵のシェンノートに対する敬愛と忠誠を揺るぎないものにしていった要素のひとつである。

4日、地上部隊が攻撃中の常徳の上空掩護に出た85戦隊は、第74、第75戦闘飛行隊のP-40N型と交戦。朝日新聞の記事によれば、陸軍戦闘機隊は常徳西方10キロでP-40、9機を奇襲、2機を撃墜、つづく空中戦でさらに2機を撃墜したと報じている。一方、米軍は14時40分と、17時に起こった2回の空戦で、二式単戦の不確実撃墜5機、撃破4機を報じている。第75戦闘飛行隊のベル大尉機と、クージンズ中尉のP-40N型機がともに不時着したが、両名は生還した。85戦隊では、この日、冒頭の空戦で活躍した第1中隊

二式単戦二型甲と第1中隊長の洞口光大尉。大尉は昭和18年12月4日、常徳付近で戦死した。

まだ迷彩塗装を施していない二式単戦二型乙、主翼に武装がないのに注意。胴体にはまだ戦地標識もない。おそらくスピナーも中隊色ではなく、茶色のままなのであろう。

長の洞口光大尉が常徳で戦死したと記録されている。

5日には25戦隊の隼が2機のP-40に命中弾を見舞い、この2機は不時着、機体は全損となった、撃墜に準ずる戦果と言ってもいいだろう。

6日、最初の空戦は12時40分、高度3千メートルで常徳上空を飛ぶ米支混成空軍のB-25に対する銀色に輝く二式単戦6機による対進攻撃であった。2機のB-25が被弾したが被害は軽微だった。爆撃機の背後にいた掩護のP-40が即座に襲いかかり、米支第32戦闘飛行隊のボイル中尉が撃墜確実1機を報じた他、3名の操縦者が不確実撃墜を報告している。ボイル中尉の撃墜戦果は12月1日にデビューした米支混合空軍の戦闘機による初めての撃墜戦果であったが、この日、85戦隊に損害はなかった。米支戦爆編隊も全機が無事に衡陽に帰還した。

16時過ぎ、米支第32戦闘飛行隊のP-40N型は、第449戦闘飛行隊のP-38とともにふたたび来襲。B-25はまた高度3千メートルで飛来したものの、日本戦闘機に撃墜されて戦死した。中国人操縦者、唐葉書少尉のP-40も撃墜され、落下傘降下した唐少尉は捕虜になった。またドヘイヴェン中尉のP-40も被弾損傷した。

朝日新聞記事（昭和18年12月7日）によれば、6日、12時30分および16時55分の二回、陸軍戦闘機隊はP-40、B-25など延べ25機と空戦。P-40、10機を確実に撃墜、P-40撃墜2機、B-25数機に有効弾を見舞い、全機が無事に帰還したとされている。交戦したのは85戦隊の二式単戦なのか、実際の戦果は米支軍記録にあるようにP-40撃墜2機、25戦隊の一式戦か、新聞記事では防諜のため部隊名、出撃基地名と機種判別も完全に伏せられているので判然としない。米軍の機種判別能力を信じれば85戦隊ということになるのだが。

日本陸軍は12月4日、5日、6日の常徳空中戦で、不確実も含めて19機を撃墜したと、朝日新聞紙上に発表している。10日、第3飛行師団は常徳上空に飛来する米軍機の活動を抑止するため、戦爆連合による大規模な衡陽飛行場攻撃を実施した。この攻撃には90戦隊の九九双軽、44戦隊の九九軽等が参加、85戦隊からも二式単戦9機が参加、邀撃に上がってきた米軍戦闘機との空戦もあったようだが、戦果も損害もないままに終わった。

翌11日、日本軍は遂川飛行場を攻撃。だが空地ともに目標を発見することができなかった上、第74、第75戦闘飛行隊のP-40、9機の追尾攻撃を受け、17時、南昌飛行場で着陸態勢に入ったところを奇襲された。第74、第75戦闘飛行隊は一式戦二型4機、ゼロ2機の撃墜を報じている。日本側の実

85戦隊の操縦者、氏名不詳。

機首と主翼に通称13ミリ(12.7ミリ)機関砲を計4門搭載し、照準器を光像式に改めた新型の二式単戦二型丙。この機体もカウリングの下側まで暗い色で塗られている。所属は第2中隊と思われる。

際の損害は、85戦隊の漢口派遣隊、第1中隊が二式単戦2機を失い、羽出栄男伍長と坂上義雄軍曹が戦死したというものであった。85戦隊機は、12日の衡陽飛行場攻撃には参加しなかったようである。この3回の攻撃で、一式戦2機と、双軽3機が撃墜（1機は夕弾の事故と言われている）され、さらに3機がひどく損傷して、1機は不時着、2機は飛行場に胴体着陸した。日本側は爆撃機による昼間進攻は、戦果に比べて損害が大き過ぎることを痛感、以後このような進攻はほとんど実施されなくなった。

16日、4機の二式単戦が広東の北西約50キロで、米支第2爆撃飛行隊のB‐25、ハーパー大尉機に対し2機が正面から、2機が後方から攻撃したが、B‐25は防御砲火で日本戦闘機を追い払って爆撃を済ませ、無傷で帰途についた。

この頃、高野中尉、中沢曹長、菊川曹長の3名が二式単戦空輸のため内地に出張、彼らが大刀洗から上海まで一気に飛翔して持ち帰った機体は40ミリ自動噴進砲（自動ロケット砲）を装着した二型乙であった。40ミリ発砲の反動は強烈で、百発撃つたびに機体の全ビスの締め直しを行わなくてはならないという代物であった。しかも照準器が弾道のまるで違う13ミリ機関砲と共用だったため、役に立たないとみなされ、中国大陸の前線に送られたのはこの3機が最初で最後となった。

85戦隊は12月23日、広東に大挙来襲した第308爆撃航空群のB‐24と掩護のP‐40に対する邀撃戦にも参加したはずであるが、戦隊独自の戦果は不明。この日は11、25、85戦隊が空戦に参加。P‐40撃墜確実9機、不確実2機、P‐51撃墜確実1機、B‐24撃墜1機、計13機の戦果を報じた。しかし実際に撃墜されたのは、米支第28戦闘飛行隊のP‐40N型2機（黄勝余中尉、黄継志中尉、両名とも行方不明）のみであった。

B‐24など重爆に対する攻撃でなら、後の日本本土防空戦の例から見て、二型乙の40ミリ自動噴進砲も多少は有効に活用できたのではないかとも思うが、どうだったのだろうか。試してみたが駄目だったので、役に立たないとみなされたのだろうか。

一方、第76戦闘飛行隊と第16戦闘飛行隊が同14時40分頃、広東と天河飛行場でゼロの撃墜確実各1機を報じ、16時頃、第74戦闘飛行隊が広東で二単の撃墜確実1機、不確実2機を、同じ頃、米支第32戦闘飛行隊が二式単戦の撃墜3機、不確実3機を報じている。これらの撃墜戦果を報じた操縦者のうち誰かが実際に、この邀撃戦で戦死した唯一の日本軍操縦者、85戦隊の井久保秀季曹長機を仕留めたものと思われる。

襲われた白雲飛行場を基地にしていた90戦隊の双軽は、事前に空襲を知り、黎明に空中退避していたため損害は受けなかったが、5百キロないし、1トン爆弾が使用されたらしく、滑走路には直径10メートル、深さ5、7メートルの大穴

昭和19年の正月、皇居に向かって遙拝する85戦隊第１中隊の操縦者と整備兵たち。

第１中隊を示す二単のスピナーに注連縄をかける第１中隊の操縦者。第１中隊の洞口中隊長戦死後の新中隊長は細藤中尉であった。

がいくつも開けられており、飛行場大隊は周辺から苦力を集められるだけ集め、保有のトラックを総動員して昼夜兼行の作業を行ったが容易には埋められなかった。

24日、広東で85戦闘飛行隊の安田満生中尉が戦死した。この日は米支第28戦闘飛行隊のP-40が14時45分から15時にかけて、広東と、天河飛行場で一式戦またはゼロの撃墜確実4機、不確実1機、撃破4機を報じている。米支第28戦闘飛行隊の損害については不明。朝日新聞記事（昭和18年12月25日）によれば、この日の14時40分、陸軍戦闘機隊が広東で邀撃戦闘を行い、P-40撃墜確実5機、不確実3機、P-51撃墜確実2機、B-24撃墜1機の計13機の戦果を挙げたが、日本側も1機を失ったとしている。この日、実際に失われた米軍機は25戦隊の一式戦に撃墜されたB-24が1機と、不時着したP-40が2機のみであった。以後、年末まで南支では天候が悪く、航空作戦はほとんど実施されなかった。

昭和18年7月24日から年末までに「85戦隊は空戦で操縦者12名を失い、戦果として32機を撃墜した」と主張している。この12名のうち、実に11名がP-40に撃墜されている。残る1名を落としたのは中国空軍のP-43であった。この間の空戦を連合軍の損害記録と突き合わせ、戦隊がかかわったと思われる空戦を連合軍の損害記録と突き合わせ、戦隊がかかわった空戦を抽出していると思われる空戦で85戦隊が撃墜していると思われるのはP-40が9機、P-51が2機、B-25が1機の合計12機。従って実戦果は報告された戦果の1/2前後と思われるが、4、5倍に膨れあがることが多い空戦での戦果報告の中にあって85戦隊の戦果判定は比較的正確だったと言える。

昭和19年の幕開け、エンジン不調、一向に振るわぬ邀撃戦

昭和19年が明けても85戦隊の二式単戦二型のエンジン、離昇出力1520馬力のハ109は未だ信頼性が低く、1月の訓練期間中に5機もの破損機を出す中隊もあった。

1月22日夕刻「双発12機来襲」との情報があり、85戦隊では二式単戦10機が離陸、しかし爆撃の爆煙を認めただけで敵機と誤認した海軍の零戦の攻撃を受け、プロペラに受弾してしまった。1月中旬から海南島の254空より、香港防空のため啓徳飛行場に零戦6機からなる南支第2飛行隊が派遣されていたのである。中国戦線では珍しい本物の「零戦」である。翌23日にも香港にはB-25とP-40が来襲、この日は主に海軍機が邀撃し、P-40の撃墜4機を報じている。一方、来襲した第74戦闘飛行隊と、米支混合空軍の第3戦闘飛行隊は零戦の撃墜1機、一式戦の撃破1機を報じている。日本側に損害はなく、米軍の損害は不明である。

2月11日、14時45分、白雲の電波警戒機は北方160キロに機影を発見。この情報を受けて、折から遂川攻撃のため待

19年正月、この時点でも第1中隊の二単はまだ筒型照準器を備えた古い二型甲のままであるのがわかる。

注連縄を手にしているのが、おそらく新第1中隊長の細藤中尉であろう。

機していた第12飛行団の全戦闘機隊に邀撃命令が出た。

85戦隊は15時30分、香港上空高度6千800メートルに戦爆連合の大編隊を発見した。米支混合空軍、第1爆撃航空群のB-25、6機（各500ポンド爆弾4発搭載）と、第3戦闘航空群のP-40、14機、そして第74戦闘飛行隊のP-40、6機である。戦隊はまず戦闘機に攻撃の矛先を向けた。第74戦闘飛行隊のP-40は上空掩護のため編隊の最も上層を飛んでいたが、目標上空で、日本戦闘機はさらに高空から襲いかかってきた。85戦隊の若松大尉機は第一撃では機関砲の射撃ができず、第二撃で不確実撃墜、第三撃ではP-40に邪魔され攻撃は不徹底に終わった。この日、香港に派遣されていた海軍の南支第2飛行隊も邀撃に上がっていた。若松大尉は海軍機が追い回していたP-40を捕捉して一撃を加え、破片が飛び散るのを目撃、次いで第3中隊の二単が射撃、そのP-40は背面となり墜落していった。

この空戦で第74戦闘飛行隊では2機のP-40を失い、ジョージ・リー中尉、オレン・ベイツ中尉が落下傘降下、両名とも生還。また米支第3戦闘航空群の第32戦闘飛行隊もP-40を2機喪失、楊應求中尉が戦死したが、ドン・ケール中尉は生還、B-25は全機が無事に帰還した。この日、陸軍は撃墜確実P-51、2機、P-40、2機と、それぞれ不確実1機を撃墜破1機を報じ、海軍の零戦6機はB-25撃墜2機、P-40撃墜確実2機、不確実1機を報じている。

米支第3戦闘航空群は撃墜2機、第74戦闘飛行隊も撃墜2機を報じている。陸軍に損害はなかったが、海軍は自爆1機、未帰還1機の損害をこうむった。

翌12日、本来前日に予定されていた遂川、南雄攻撃がようやく実施された。8時、90戦隊の双軽8機を掩護する11戦隊の一式戦14機がまず南雄に進攻。20分後、85戦隊の11機が遂川に向かった。11戦隊の一式戦は双軽の南雄爆撃を見届けた後、天候が悪化しつつある中、遂川に向かった。85、11戦隊はほぼ予定通りの時間に遂川上空に達した。在空のP-85戦隊の二式単戦は高度5千メートルで進攻。この空戦で若松大尉は戦隊長編隊を後方から狙っていた米戦闘機を撃墜したが、追撃中に高度を失い戦隊主力から離れてしまった。大尉は上昇中、P-40の射撃を受け燃料タンクに被弾したため帰還したが、基地にはまだ誰も帰ってきておらず、燃料が尽きる頃、ようやく2機が帰ってきた。

高度4千メートルで進攻した11戦隊も、高度6千メートルで待ち伏せていたP-40、P-51、P-38との空戦に入った。この空戦で第76戦闘飛行隊のP-51A型1機が撃墜され、ウィリアム・バトラー中尉が戦死。第449戦闘飛行隊ではP-38が1機撃墜されたが、落下傘降下したマスターン中尉は2日後に生還している。11戦隊の一式戦1機が撃墜され1名が戦死した他、85戦隊では二式単戦5機が自爆また

は未帰還となり、紺井清弥中尉、高橋賢治分隊長、菊川忠司軍曹、早川治哉軍曹、木村桂一軍曹など一気に5名もの操縦者を失い。斎藤戦隊長機も燃料が尽きて黄埔付近に不時着、少佐は負傷してしまった。

日本側はP-38の撃墜確実3機、不確実6機、P-51の撃墜確実1機、不確実1機、P-40の撃墜確実1機を報じている。一方、米軍側、P-51を装備する第76戦闘飛行隊の戦果報告は振るわず、ジョン・スミス・スチュワート大尉が一式戦撃墜確実1機を報じている他、一式戦の撃墜不確実と撃破を各1機報じているのみだった。一方、P-38の第449戦闘飛行隊は二式単戦の撃墜確実4機、一式戦2機、二式単戦の不確実1機、一式戦5機の戦果を報じているが、この日の損害のうち、日本側によって撃墜されたのが目撃されているのは一式戦、二式単戦各1機のみであった。二式単戦のうち何機かは燃料切れによる未帰還かも知れない。

元来、広東と遂川の間は380キロで、進攻できない距離ではなかった。しかし、この日の交戦相手は殊のほか執拗で、巡航時の3、5倍もの燃料を消費する空戦からなかなか離脱できず、帰途、燃料が切れてしまったのかもしれない。11戦隊の伊藤照義軍曹は、この日11戦隊で戦死した二俣伍長はP-38の追尾射撃で撃墜されたとしている。一式戦の撃墜確実を報じている第449戦闘飛行隊のアルピン中尉か、

コンウェイ少尉の戦果であろう。

この結果、広東にいた85戦隊の可動機は4機にまで減ってしまった。そこで進攻作戦への参加は見送られるようになり、漢口に派遣していた第1中隊を呼び戻し、補充者の到着を待って、しばらくは錬成に努めた。

第308爆撃航空群のB-24による作戦が南シナ海を進む日本船団の襲撃に代わったため、米中軍による広東、香港方面への進攻は下火になったが、4月18日、香港に近い海上で第373爆撃飛行隊のB-24が撃墜され8名が戦死、2名が捕虜になった。戦死者の一部は落下傘降下中に射殺された。この日、南シナ海で、日本戦闘機2機に襲われて損傷している第308爆撃航空群のB-24は4月21日にも南シナ海で、日本戦闘機2機に襲われて損傷している。ちなみに南支第2飛行隊の零戦3機であった。第308爆撃航空群のB-24は4月21日にも南シナ海で、日本戦闘機2機に襲われて損傷している。ちなみに南支第2飛行隊は5月19日、海南島に帰って行った。この時期、第308爆撃航空群は海上でも何機ものB-24を失っているが、18日、21日の例を除いて全てが対空砲火または事故による喪失であった。

5月11日「第五航軍発電綴」によれば、10時、85戦隊の二単14機は、双軽4機を掩護して丹竹に進攻。同18時、85戦隊の一式戦6機と、二単5機、双軽4機は新城を攻撃。帰途、南雄上空で爆撃機掩護中の一式戦を後方から狙ってきたP-40、P-51、P-38各1機（日本側報告）と交戦した。襲ってきたのはエド・コリス大尉が率いる第76戦闘飛行隊の2機

昭和18年11月から終戦まで85戦隊長を務めた斉藤藤吾少佐。

昭和19年正月、注連縄を飾った第2中隊の二式
単戦の前に立つ、大久保操軍曹と機付兵たち。

出撃前、雨上がりの飛行場に集
まる85戦隊の操縦者たち。

のP-51と、3機のP-40であった。「オスカー」35機が南雄近くの町に向かっている。という情報を得て出動。約300メートル下方を飛ぶ、12機編隊の後方から降下突進した。オスカーは攻撃に気づき、一斉に落下タンクを投下して回避運動に入ったが、コリス大尉のP-51はすでに最後尾の1機に命中弾を見舞っていた。そのオスカーは発煙しながら降下してゆき、やがて地上に墜落を示す火焔が上がった」、このようにエドウィン・コリス大尉が一式戦の撃墜確実1機を報じた他、ウィリアム・ワット中尉と、スタンレイ・トレカーティン中尉が一式戦の撃破各1機を報じている。一方、85戦隊も、損害を受けずに、撃墜確実1機、撃破2機を報じたが、第76戦闘飛行隊にも損害はなかった。以上のことから、当時、二単の不足からか85戦隊にも一式戦が配備されていたことがわかる。

翌12日、25戦隊、48戦隊の一式戦は双軽を掩護して遂川飛行場を連続攻撃した。85戦隊の一式戦4機は韶州の停車場を攻撃。うち3機は30キロないし、50キロの爆弾を搭載していた。この日、遂川では激しい空戦が展開されたが、85戦隊機は米軍戦闘機に遭遇しなかった。

5月27日、大陸打通「一号作戦」の「湘桂作戦」が発起された。米中の航空部隊は長沙、ついで衡陽に向かって湘江沿いを進撃、次いで難攻不落の要塞都市、衡陽への総攻撃を繰り返す日本軍地上部隊に対する対地攻撃と、後方補給連絡線

に攻撃を集中したため、85戦隊が防空を担当していた広東地区への空襲はまったく途絶え、その後は、7月まで、85戦隊はほとんど空戦に参加することもなく、19年の夏を迎えることととなった。

6月12日の時点での85戦隊の空中勤務者は将校8名(技量甲8名)、下士官38名(技量甲5名、乙13名、丙20名)で、甲班は飛行時間800時間以上、乙班は280時間以上、丙班は180時間以上、一般に戦闘への参加を許されたのは甲班と乙班のみであった。また6月20日時点での保有機は二式単戦32機、一式戦8機だった。

米中航空部隊による猛攻を受けつつも衡陽攻略後の「湘桂作戦」は順調に進展しており、7月4日には桂林飛行場からも米軍の地上勤務部隊が撤退をはじめた。

当時、米支混成空軍でB-25に乗っていたケン・ダニエルズ氏は自著「China Bombers」で「がっかりするようなニュースではあったが、驚きはしなかった。それというのも、私は日本軍と戦うために北上していた中国軍歩兵部隊の様子をこの目で見ていたからだ。6人一組で行軍していたその連中は、先頭の男が小銃を担い、次に弾薬帯を持った男、つづく2人は大きな鉄鍋と薪を背負っていた。さらに袋に詰めた米、生きた鶏か家鴨を持つ2人がつづく。彼らはたぶん地元の農民だ。この痩せた男達が、急降下爆撃機や戦闘機に支援され、戦車を先頭を攻め寄せる、よく

訓練された日本軍と戦うのだから……」。また米国のジャーナリスト、セオドア・ホワイトは衡陽に向かう中国軍部隊の様子を「兵隊たちは、どうせ最後には負けるのだといった中国兵独特の奇妙に落ち着いた様子で、静かに歩いていた」と描写している。以上、2人の描写は、補給、兵站が不完全で地元で食料を徴発しつつ、農民を拉致し苦力として荷物を運ばせている、まるで春秋戦国の時代から変わらぬような中国軍の姿をよく現している。そもそも兵隊自身が、多くの場合、重慶政府の下部機関によって町や村から半ば強制的に徴兵されてきていた。

しかし、快進撃をつづけていた日本軍も戦車、トラックなどで機械化されていたのはごく一部で、中国軍同様、食料の補給はその多くを現地での徴発に頼っており、輸送機関を持たぬ部隊は、資材の輸送を途中の農村から拉致してきた苦力に頼っていた。中には師団将兵の数よりも苦力の方が多く「苦力師団」などとと呼ばれる部隊までであった。また捕獲した中国軍の制服や、民家で徴発した中国服を着用して戦っていた。中国軍の避難民も、そんな姿の日本兵に接すると敵味方かと戸惑っていたようだ。近代的な戦闘機や爆撃機が乱舞する下では、とても20世紀の戦争とは思えぬ戦いも繰り広げられていたのである。

7月4日から5日の夜間、第341爆撃航空群のB-25が6機、広東地区の天河と白雲飛行場を襲撃。500ポンド爆弾と、多数のクラスター爆弾を投下した。これは完全な奇襲で最後の1機が飛び去った時にもまだ探照灯は点灯されず、高射砲の射撃もなかったという。5日から6日の夜間にも、6機の第341爆撃航空群のB-25が天河と白雲飛行場を爆撃した。今度は小火器による対空射撃を受けた。さらに6日から7日の夜間にも5機のB-25が天河と白雲飛行場を爆撃。日本軍の対空射撃はさらに激しくなっていた。

つづいて7日、とうとうこの日は白昼に第341爆撃航空群のB-25が広東の白雲および天河飛行場を攻撃。これを掩護する第74戦闘飛行隊のP-51が14時20分、広東でゼロの撃墜確実2機、不確実4機を報じている。85戦隊では、来襲したP-51、3機、B-25、6機を、一式戦6機で邀撃した。隼1機が未帰還となり、野尻重男軍曹が戦死。B-25の撃破1機を報じたものの、米軍の損害記録は入手できなかった。

この夜、4機の第341爆撃航空群のB-25がまたまた白雲および天河飛行場を爆撃。今回は探照灯による照射と対空射撃を受けたが、全機が無事に帰還した。

翌8日、この日は計37機のP-40が広東地区にある日本軍占領下の村々と水上交通線を襲撃した。85戦隊の一式戦4機と、二単9機は10時に、廬苞でP-40と交戦。P-40の不確実撃墜2機を報じたものの、2機が大破した(二単、人員は無事)。この日は第74戦闘飛行隊のハロルド・ロビンス中尉

斉藤藤吾戦隊長機、本部小隊なので尾翼の矢印はおそらく青色に白縁である。

昭和19年夏、広東基地。85戦隊長の斉藤少佐機。

と、リチャード・ムリヌー中尉がそれぞれ三水付近で一式戦の撃破各1機を報じている。

12日の戦隊の保有機は二式単戦28機、一式戦7機。保有機は7日に失われた一式戦1機、8日に失われた二単2機の他、1日の時点から減っているのは2機のみで、B-25による執拗な連続夜間攻撃による損害はあまりなかったようだ。

14日の19時30分、「1号作戦」に参加する日本軍地上部隊を攻撃するために中支方面に出撃していた米軍機の帰途を襲うために離陸した85戦隊の一式戦4機、二式単戦15機は、丹竹で着陸態勢に入ろうとしていたP-51十数機を捕捉。交戦でP-51撃墜2機、不確実2機を報じたが、一式戦1機が自爆、未帰還1機も大破し、岡野旦中尉、片山政矩伍長、卜部唯雄伍長の3名が戦死した。ほぼ同じ時刻に丹竹で、第118戦術偵察飛行隊のオラン・スタンリー・ワッツ中尉、アイラ・ジョーンズ少佐、ドナルド・ベニング中尉、第76戦闘飛行隊のジャック・グリーン中尉などが一式戦の撃墜確実各1機、その他、撃破2機、計4機を報じている。一方的な空戦だったらしく、第76戦闘飛行隊と第118戦術偵察飛行隊に損害は無い。

18日、漢口で85戦隊の高野諭吉中尉が戦死しているが、この日、漢口上空で空戦があったという記録はないので、飛行事故による殉職ではないかと思われる。

19日、13時25分、85戦隊の17機は三水で、P-51、P-40約20機と交戦。撃墜確実4機、不確実2機、撃破2機を報じたが、1機が未帰還となり、佐久間松美軍曹が戦死した。交戦した第76戦闘飛行隊と第118戦術偵察飛行隊は、13時から14時40分、三水で一式戦の撃破4機、二式単戦の撃墜確実1機を報じており、損害はなかったようだ。

24日には7機のP-51が広東の白雲飛行場を急降下爆撃したが空戦にはならなかった。以後、8月1日、85戦隊は空戦に参加する機会を得なかった。8月27日、28日、29日と第341爆撃航空群のB-25が広東の白雲、天河両飛行場を連続攻撃しているが、日本側、米軍側、どちらの記録にも空戦があったとは記されていない。

昭和19年明けから8月末まで、85戦隊は10名もの操縦者を失った。しかし筆者が確認することができた戦隊の二式単戦によるほぼ間違いない撃墜戦果は、2月11日に若松大尉等が落とした1機のP-40のみだった。中国戦線デビュー当時、鍾馗は米軍を震撼させた新型戦闘機であったが、昭和19年を迎えると、その威力は昔日の光を失っていた。しかし85戦隊は強力な新型戦闘機の配備を受け、ふたたび栄光の時を迎えることになるのである。

大東亜決戦機、中国大陸に出現

昭和19年の5月末、フィリピンでの作戦準備に関する南方

22戦隊の操縦者たち。左から一人おいて若井政治軍曹、ひとりおいて、角村清曹長、久家准尉、ふたりおいて赤井甲一准尉。右後方に迷彩を施した四式戦が見える。

P-40K型に乗っている第51戦闘航空群、第26戦闘飛行隊の5機撃墜エース、リンドン・マーシャル中尉。昭和19年、昆明。戦果はすべて海南島で海軍の零戦に対して挙げたもの。特に4月5日には1日で零戦4機の撃墜を報じているが、ほとんどが日本側の記録と一致する(L.O. Marshall via Carl Molesworth)。

軍との連絡を終えた参謀本部第一次長の後宮淳大将は帰国の途上、上海に立ち寄り支那派遣軍からの状況報告を受けた。その際に、第五航空軍の参謀長、橋本秀信少将は航空戦の実情を報告すると共にキ84四式戦、キ67四式重爆の派遣と、電波警戒機などの補充を求めた。一号作戦の成否は航空優勢を得られるかどうかにかかっていた。当時、彼我の兵力比は一対三と推定され、この数的な劣勢を新鋭機の投入で解決しようとしていたのだが、四式重爆の派遣は見送られた。しかし少数ではあったが、四式戦「疾風」派遣の要望は早々に叶えられたらしい。

7月上旬、85戦隊は二式単戦から四式戦への機種改変に着手した。まず根岸中尉、野村曹長の2名が漢口に赴き中村中尉、中沢曹長と合流した。彼らは85戦隊から抽出され漢口で25戦隊の2名とともに「第五航空軍司令官護衛中隊」を編隊していたのだが、新機種への未修訓練のため護衛中隊から離れたのである。

85戦隊の4名は2ヶ月間の伝習教育を受けた後、白螺磯から広東へと一気に飛翔、85戦隊はこの4機をもとに四式戦への機種改変を進めた。防衛庁戦史部所蔵の「5AF支那航空綴」によれば、8月1日の時点での戦隊保有の可動機は「二式単戦22機、四式戦3機」で四式戦は4機のうち1機は故障していたらしい。それにしても四式戦20機を保有する有名な22戦隊の南京到着が8月の25日だから、85戦隊は22

戦隊の到着に先駆けて四式戦の配備を受けていたということになる。「日本陸軍戦闘機隊」によれば、さらに9月、若松大尉、中沢曹長等が漢口に派遣され、四式戦9機を受領、22日、白螺磯から、衡陽を経由して広東に帰還した。

ここで四式戦を装備した戦場実験部隊として有名な22戦隊の中国大陸での戦闘について少々触れてみたい。防衛庁戦史室に保存されている「第五航空軍発電綴」に残る記録を主として、米軍、中国軍資料と対照するという形式で話を進めてゆくことにする。戦隊は漢口を根拠地飛行場として、前進飛行場である白螺磯飛行場から作戦を開始した。

まずは戦隊初の戦死となった赤井甲一准尉が参加した8月28日の空戦。戦史叢書「中国方面陸軍航空作戦」によると、この日、22、25、48戦隊が岳州付近に来襲した米軍機と交戦したが、各戦隊相互の連携が悪く戦果はなかったとされている。しかし中国側資料「空軍抗日戦史」の記述を見ると、この日、米支第5戦闘航空群のP-40、11機は15時に、石首上空で「ゼロ」約20機と遭遇。空戦中、さらに日本機十数機が参加、さらに米軍機も来援。5分間の空戦で撃墜6機と撃破1機を報じたが、P-40、徐滾機が行方不明となった他、米軍戦闘機も3機が行方不明となっている。しかしこの空戦にほぼ間違いなく参加し、撃墜戦果を報じている第118戦術偵察飛行隊の他に、第16戦闘飛行隊には損害はなかった。この2個飛行隊の他に、例えば筆者が損害記録をすべ

追い切れていない第51戦闘航空群の所属機（空戦への参加頻度は低い）が空戦に参加していたのかも知れないが「空軍抗日戦史」には、時折、明らかな間違いも記載されているので徐機の喪失はともかく、米軍3機の行方不明は、単純な誤りである可能性も高い。

15時に約20機の22戦隊の四式戦（9月1日の保有機16機）、あるいは25戦隊の一式戦（9月1日の保有機28機）と空戦中、10数分遅れて48戦隊の一式戦11機が来援して戦果を記録したように思われる。48戦隊の一式戦11機は15時15分、岳州の西北でP－40、16、17機と交戦。P－40撃墜1機、撃破2機を報じたが、一式戦2機を喪失している。22戦隊の赤井准尉は、空中火災を起こした四式戦から落下傘降下したが、揚子江に水没したとされている。赤井機の火災は「第五航空軍発電綴」では敵戦闘機との交戦の結果とされている。

翌8月29日、22戦隊13機と、25戦隊16機は、12時55分から13時30分、岳州、済寧、監利の空域でB－24、24機、P－40とP－51、20機以上と交戦。P－40撃墜3機、撃破4機、P－51撃墜1機、撃破1機、B－24撃破4機の戦果を報じたが、一式戦（高平三郎伍長・少飛12期）、四式戦（西田藤己一伍長・少飛12期）各1機が未帰還となり、四式戦1機が破させられ伊藤中尉が重傷を負った。この日、米支第5戦闘航空群は、第23、第51戦闘航空群（P－40、34機、P－51、10機）とともにB－24を掩護して岳州に向かった。岳陽上空

で約20機の日本戦闘機に遭遇。掩護戦闘機をB－24から引き離そうとしていた一式戦と二式単戦を阻止。米軍は全部で撃墜6機を報じた。米支第27戦闘飛行隊のP－40が2機失われた。周亮中尉は行方不明となり、常徳に不時着した冷培樹中尉は頭部に重傷を負っていたが救出された。彼の生還は7月19日の落下傘降下につづいて二回目であった。また第16戦闘飛行隊もサリバン中尉が一式戦の不確実撃墜1機、ハーディ中尉が二式単戦の撃破1機を報じているが、空戦でP－40が4機、被弾損傷している。

さらに、米支第3戦闘航空群のP－40、13機（うち7機は50ポンド爆弾2発搭載）は16時に恩施飛行場を離陸。日本軍倉庫を攻撃後、河川交通掃討を実施中、嘉魚上空で上空掩護機が日本戦闘機15機と遭遇、落下タンクを捨て、空戦20分において、撃墜9機を報じたものの、P－40が1機行方不明（孟昭儀機）となり、3機が被弾損傷した。19時30分に帰還。「日本の（新型）戦闘機はP－40N型と速度、上昇力とも同等。なおかつ敏捷で、大口径機関砲を装備。3機編隊戦法を使っていた」という中国側の報告を見ると、この空戦にも四式戦が参加していた可能性が高い。

30日、空戦は連日つづく。22戦隊10機は14時22分、帰義でP－51、6機と交戦。撃墜確実2機、不確実1機を報じ、全機が無事に帰還。第76戦闘飛行隊は帰義で二式単戦撃破2機を報じたが、P－51B型1機が撃墜されウィリアム・D・マ

飛行中の85戦隊の二式単戦。

第11爆撃飛行隊から外された後、米支混成空軍の訓練機となったB-25(Carl Molesworth collection)。

クレノン中尉が戦死している。四式戦による初めての明確な勝利である。この日、P-51を撃墜したのはノモンハン以来の古参戦闘機乗り、古郡吾郎准尉であった。

9月1日、新市付近で雲に入った四式戦、若井政治軍曹（少飛7期）機が未帰還。この日、第74戦闘飛行隊が一式戦撃墜確実1機、撃破3機、二式単戦撃墜不確実1機を報じている。他の戦隊に損害が出ていないので、あるいは雲に入り編隊からはぐれて孤立した若井軍曹は第74戦闘飛行隊との空戦で戦死したのかも知れない。

4日、22戦隊の四式戦7機は、18時5分、衡陽でB-25の撃墜1機を報じ、全機が無事に帰還した。この戦果について は米軍の損害記録が見つからなかった。

7日、戦隊の四式戦6機は13時、零陵付近でB-25を発見、追撃して1機を撃墜した。同機の所属部隊は不明だが「空中勤務者行方不明リスト8594号」によると、この日、B-25J型（43-3970）が日本戦闘機に撃墜されている。この日、他にB-25の撃墜戦果を報じている戦隊もないので、同機は22戦隊が落としたに違いない。

9日、22戦隊の四式戦3機は老河口飛行場に不時着していたB-29を対地攻撃で炎上させた。このB-29は北九州を襲った第58爆撃航空団の所属機であった。
12日、飛行隊長、斎藤隆大尉が率いる22戦隊第2中隊6機は、16時45分、易俗河で低空にP-40、8機を発見して

攻撃。4撃ないし、5撃をかけて撃墜3機、撃破4機を報じたが、四式戦4機は高度700メートルで帰還中、高度1200メートルから14機に襲われ、1機が自爆（隈元鎮成少尉・下士86期）した。

四式戦と交戦したと思われる米支第17、第26戦闘飛行隊P-40、8機は、16時30分から17時、衡山上空で日本機12機と遭遇。P-40N型1機を喪失、1機が損傷したが、二式単戦の撃墜1機、一式戦撃破3機を報じている。撃墜された米支第17戦闘飛行隊のP-40N型トム・ブリンク中尉機は低空に降りて、低速になっていたところを日本戦闘機に捕捉されて、墜落戦死した。また同戦闘飛行隊の蘇英海のP-40は被弾損傷、着陸時に破損した。

9月2日から15日までに、22戦隊の四式戦は出動回数20回、延べ機数157機（哨戒12回・延べ88機、進攻5回・延べ29機、邀撃3回・延べ40機）、空戦は4回。戦果はB-29、1機を地上で炎上させた他、P-40を3機撃墜、5機を撃破（内1機は在地）、B-25の撃墜2機で、損害は自爆1機としている。前記のうち、連合軍の損害記録と合致する戦果はB-25撃墜1機、P-40撃墜1機、B-29の地上炎上1機のみであった。

8月28日から9月1日までに22戦隊がかかわった空戦で撃墜したとされ連合軍の損害記録と合致する戦果はP-40撃墜7機、撃破5機、P-51の撃墜1機である。しかし古郡准尉

22戦隊長の岩橋譲三少佐、9月21日、久家准尉機とともに西安飛行場の対地攻撃中に戦死。

訓練中、黒岩大尉機と接触した後に着陸した22戦隊、久家准尉の四式戦。

が30日に落とした1機のP‐51を除いては、全てが22戦隊の戦果であるとは断定できない。一方、その間の損害は四式戦喪失3機、操縦者の戦死3名である。

同戦隊は9月26日の内地帰還前に、もう2機の四式戦と戦隊長の岩橋譲三少佐を含む2名（自爆1、未帰還1）を失った。

9月19日、22戦隊の四式戦6機は9時35分、新市の南方で第75戦闘飛行隊のP‐40N型と交戦。P‐40の撃墜不確実1機を報じた。第75戦闘機隊のジョセフ・ブラウン大尉は9時50分、同じく新市の南方で一式戦1機を撃破したと報じている。22戦隊では四式戦1機が未帰還となり、川口繁春曹長が戦死した。この日、第75戦闘飛行隊が属する第23戦隊航空群のP‐40N型が1機、行方不明になっている。同機がこの空戦で四式戦の犠牲になった可能性はあるが、確認はできなかった。

21日の西安における岩橋少佐の戦死は当時、かなり衝撃的な事件で不透明な部分もあり未だ様々な論議の的となっている。秦郁彦氏は「暁の西安に死す」（第二次大戦航空史話（下）中公文庫1996年）で、岩橋少佐が西安飛行場で離陸中だった第529戦闘飛行隊のP‐51、ウィリアム・E・ホール曹長機を射撃、炎上させた（戦死）後、飛行場に突入炎上した状況と、その謎めいた戦死を巡る周辺状況を綿密に調査している。

最終的に同戦隊は四式戦喪失6機、戦死6名の損害と引き替えに、撃墜確実、不確実、撃破のすべてを含め約40機の戦果を挙げたとされているが、その実数は3分の1か、4分の1程度と思われる。新鋭機の活躍は期待外れというべきか、不慣れな戦場、不利な状況の中で善戦したというべきか、筆者には判断できない。

日本側には「新型機の活躍に敵は恐怖を感じてP‐51もあまり出てこなくなった」などという評価もあったようだが、少なくとも米中の記録に、二式単戦が初めて中国戦線に現れた時ほどの衝撃を示す報告は見いだすことはできなかった。それよりか米側に新型の戦闘機が登場したことを示唆する報告すらほとんどない。29日の米支戦闘機隊の報告に一例が見られるだけで、他の報告では四式戦を二式単戦、または一式戦と誤認している。四式戦が出てきたことにほとんど気づいていなかったらしい。だが二式単戦登場の時と同じく、四式戦が中国で猛威をふるうのは、初登場から少々時間を経てからであった。

さてふたたび目を85戦隊に転じよう。9月12日時点での同戦隊の空中勤務者は将校5名（甲5名）、下士官34名（甲5名、乙20名、丙9名）であった。2日後の14日、トム・ウィルソン中尉率いる11機のマスタングは広東の西方、三水を急降下爆撃し、次いで白雲飛行場を攻撃した。P‐51が投弾を終え、元の高度まで上昇した時、10機の二式単戦（米軍

報告）が出現した。85戦隊の二式単戦8機は、10時43分、三水でP-51、14機と交戦。両軍とも交戦相手の数を少々多めに見積もったようだ。85戦隊はP-51の撃墜2機を報じたが、二式単戦1機が自爆（戦死者不明、落下傘降下して生還？）。第76戦闘飛行隊は、三水で二式単戦撃墜2機、不確実2機、撃破3機を報じ、損害は記録されていない。

この14日の夕刻18時、85戦隊の二式単戦15機は同じく三水でP-51、15機と交戦。P-51撃墜3機、撃破4機、P-38撃破1機を報じているが、夕方の交戦相手は不明、従って撃墜戦果についても本当に落ちているかどうかわからない。この日、日本軍地上部隊が迫っていた桂林飛行場では、米軍の飛行場破壊班が建物に爆薬の設置を始めていた。

猛威をふるう85戦隊の「疾風」

9月1日から12日まで、また柳州から飛来する第341爆撃航空群のB-25が5、6機ずつ天候が許す限りほぼ毎晩、白雲および天河飛行場、あるいは三水を夜間爆撃した。夜間戦闘機を持っていない日本側は邀撃しようもなかった。

19日の11時30分、85戦隊の二式単戦14機、四式戦2機は、肇慶でP-51、9機と交戦。損害なしでP-51撃墜2機を報じ、85戦隊の別働隊、二式単戦8機と四式戦1機は、11時45分、雷州でP-51、5機と交戦。P-51撃墜1機、撃破1機を報じたが、二式単戦が1機自爆し竹内竹千代軍曹が戦死した他に1機が不時着大破の損害を受けた（人員は軽傷）。在支来軍の第93と、第76戦闘飛行隊のP-51は、10時15分から13時15分に二式単戦撃墜1機（カレン・ブランノン中尉）、撃破1機を報じている。第76戦闘飛行隊が所属する第23戦闘航空群はこの日、P-40N型1機を失っている。85戦隊機、中でも初めて実戦に出た同戦隊の四式戦との空戦による損失かもしれないが、喪失原因、場所、時間等は不明である。

26日、四式戦の戦場実験部隊として中国戦線に派遣されていた22戦隊が内地に帰って行った。その時点で22戦隊が保有していた四式戦の甲9機、乙2機、丙16機の計29機を85戦隊に引き渡した。この「第5航空軍発電綴」によれば飛行機の整備状態を示すもので甲6機は飛行可能な機体、乙はすぐに飛行できる機体、丙は野戦修理廠などに送らなければ直せない機体である。日付と数が少々矛盾するが、この6機が漢口で若松大尉に引き渡した機体なのではないかと推測される。ちなみに乙は戦隊の整備隊が修理できる機体、丙は85戦隊機の整備状態を示すものである。

28日、85戦隊の二式単戦19機は18時40分、封川（梧州）でB-24、24機、P-51約20機と交戦。この日、第308爆撃航空群のB-24が24機のB-24で出撃。第26戦闘飛行隊のP-51が12機、南寧上空でB-24の掩護についた。目標上空では日本戦闘機9機が出現したが、P-51は日本機をB-24に接近させ

56

左から、浜井軍曹、野村秋好准尉、昭和19年の10月から第１中隊長を務めた広中伸之中尉。

大久保操軍曹と、田島軍曹(右)。背景に見えるのは二単の落下タンク。

10月4日、85戦隊の四式戦で第76戦闘機隊のP-51を1機撃墜した大久保操軍曹(飛行服)と、戦隊のエース、野村秋好准尉(後ろ向き、白い飛行帽)。

昭和19年夏、広東で撮影された85戦隊の二単。

ず、B-24は3機が軽い損傷を受けただけで全機無事に帰還した。85戦隊は、P-51撃墜5機、撃破3機、B-24不確実1機、撃破1機を報じるが、二式単戦1機が自爆し、池ノ上正則軍曹が戦死した。第26戦闘飛行隊は、16時35分から19時45分、三水から160キロ付近で、一式戦または二式単戦の撃墜2機、不確実、撃破各1機を報じている。第26戦闘飛行隊に損害はなかった。

10月3日、85戦隊の保有機は二式単戦15機、四式戦7機であった。四式戦の数が減っているのは、この「5FA支那航空資料綴」に記載されている保有機が「可動機」を示すものであったからではないかと思われる。そして翌日、85戦隊の四式戦が初めて大東亜決戦機の名に恥じない活躍を記録することになった。

4日の8時15分、85戦隊の若松幸禧大尉は、四式戦4機、二式単戦4機を引き連れ、梧州付近を航行する船団の上空哨戒を実施していた。太陽を背に飛んでいると、下方、梧州上空にP-51が1機見えた。そのP-51は若松大尉機の一撃で発火、続いて大尉は左に見えたP-51を攻撃、冷却水と炎を噴出させて撃墜した。大久保軍曹機も1機を攻撃しつつ撃墜。二式単戦の石川軍曹もP-51を追尾撃墜、操縦者は落下傘降下した。

米軍の戦闘報告書によれば、この日、8時10分に離陸、9時50分に帰還した第76戦闘飛行隊のハリー・C・ムーア中尉のP-51がレックス・B・シャル中尉機とともに梧州西方の島にあった目標を掃射していると、3機の「九九艦爆」が彼らに攻撃を仕掛けてきた。シャル中尉機は機首を上げ艦爆1機を追跡し梧州の北方に去った。彼のP-51か艦爆が墜落するのが見えたが、それきりシャル中尉は未帰還となった。ムーア中尉自身も別の艦爆撃墜1機を報じている。彼らが九九艦爆と誤認したのは、梧州で地上作戦に協力中だった44戦隊の九八直協であった。この日、梧州で1機が撃墜されている。筆者が入手できた米軍報告書はこれだけであるが、85戦隊機に上空から奇襲されたらしい同戦闘飛行隊はP-51B型を少なくとも3機、あるいは4機失っている。ヘンリー・リーゼズ中尉自身は落下傘降下して行方不明。日本の「ラジオ広東」は後に、梧州で撃墜されたP-51の操縦者レックス・B・シャル中尉は捕虜になったと放送している。またこの日、第76戦闘飛行隊はP-51をもう1機失っている。同機の喪失原因は不明だが、梧州の空戦で落とされた4機目の可能性もある。P-51の撃墜5機、撃破2機を報じている85戦隊には被弾機すらなく、一方的な勝利であった。

しかし、この夜も第341爆撃航空群のB-25は戦隊の基地である天河と白雲飛行場を夜間爆撃した。9月末以来の定期便である。

翌5日、戦隊は毎晩、睡眠を妨げる仇敵に出会った。6時

30分、85戦隊の二式単戦11機、四式戦6機は、三水のドッグを攻撃するため現れた第341爆撃航空群のB-25、12機と遭遇したのである。B-25は第118戦術偵察飛行隊のP-51、12機と、第76戦闘飛行隊のP-40N型7機に掩護されていた。B-25は目標の西30キロ付近で層雲を抜けて降下、目標を探して爆撃、ふたたび上昇、三水の西で層雲を抜けて来た。日本機は各飛行隊の指揮官が乗ったB-25を狙って攻撃、9時方向に日本戦闘機4機が掩護を続けていた。その時、8時、および9時方向に日本戦闘機8機が出現、太陽を背に襲いかかって来た。日本機は各飛行隊の指揮官が乗ったB-25を狙って攻撃、2機が被弾し5名が負傷した。

この日、若松大尉の四式戦は20ミリ砲が故障していたが、戦隊はP-51撃墜4機、撃破1機、B-25不確実1機、撃破1機を報じている。しかし空戦で二式単戦2機、四式戦1機が自爆、細藤才大尉、藤井勤吾伍長、西森寿恵徳伍長の3名もが戦死した他、潤滑油漏れで二式単戦1機が不時着大破、操縦者が負傷してしまった。第118戦術偵察飛行隊のP-51は三水で二式単戦約12機と交戦。ジャック・ゴック大尉が二式単戦撃墜確実各1機を報じたほか、不確実1機、撃破2機、ヘンリー・スタンリー・ワッツ中尉、レイモンド・ダービー中尉、オラン・スタンリー・ワッツ中尉、レイモンド・ダービー中尉が一式戦撃墜1機、撃破1機を報じている。一方、二単撃墜された。彼は落下傘降下、脚を骨折少尉のP-51C型は撃墜された。彼は落下傘降下、脚を骨折したが17日に無事帰還した。

同日、三水からフェリー「民覚丸」に乗って出発した第6航空情報連隊の渡辺実男氏は戦友会で編纂した「第15航空情報隊史」に「しばらく上ると後ろよりP-40が来た、直ぐ後ろに二式単戦がくいついている。ドドドドドドドドドッと打ちながら船のすぐそばを水面すれすれに過ぎる。上昇の劣るP-40は逃げ場がない、弾があたったか煙を吐いて、パッと燃え上がる。二式戦はゆうゆうと帰った。みんなが船で万歳万歳をする」との回想を寄せている。この日、第76戦闘飛行隊はエルザ・スミス中尉（戦死）のP-40N型を1機失った。米軍の公式報告書には空戦で撃墜された可能性があると記されている。三水の西方30キロ地点を低空飛行している姿を最後に行方不明となったというから、渡辺氏が目撃したのは同機であった可能性が高い。

11日、85戦隊の第3中隊（二式単戦6ないし7機と思われる）が中支防空のため、広東から漢口に移動した。

13日、台湾で85戦隊の若林壱准尉、石川常市曹長、彦坂幸二軍曹が戦死している。この日、台湾は米艦載機の大空襲を受けているので、その犠牲になったのか、邀撃戦に参加しているのか、あるいは地上で爆死したのではないだろうか。詳細はわからない。

15日、8時過ぎ、2機のP-51が超低空で飛来。白雲山の電波警戒機隊を機銃掃射、北方に去っていった。この日やって来る戦爆大編隊の露払いであった。

9時、「昆明から爆撃機出撃」との情報が入り、つづいて各所の対空監視哨から情報が刻々と入ってきた。85戦隊は全機が夕弾（空対空爆弾）を搭載して高度8千メートルまで上昇した。戦隊には電波警戒機から正確な目標方位の情報が入っていたが、B-24、27機への前方接敵の情報が入った。米軍の掩護戦闘機の攻撃を受け4機が未帰還となった。下田広治曹長、上保達治軍曹は戦死、戦隊随一のエース、野村秋好准尉機は左タンクに受弾、翼端を飛ばされて落下傘降下、住民に救われて17日に帰還している。その他、もう1名が落下傘降下し、同じく生還した。夕弾によりB-24撃墜2機、撃破1機、P-51撃墜1機を報じた他、野村秋好准尉の四式戦がP-51を2機撃墜したとされている。この空戦で第26戦闘飛行隊のP-51操縦者、フレデリック・ホーマン少佐、ジョゼフ・クレーマー中尉、シャーリー・ウィルン中尉、ウィリアム・ブランケンシップ少佐等が広東で二式単戦撃墜確実各1機を報じた他、同飛行隊の操縦者は二単撃破2機を報じている。B-24は全機が無事に帰還した。だが第76戦闘飛行隊では、編隊長機の右後方にいたアイゼンマン中尉のP-51B型が後方から二式単戦の追尾攻撃を受け、白煙を噴出、急角度で白雲飛行場へと降下して行ったと報告されている。ジェローム・アイゼンマン少尉は落下傘降下し、10月30日には生還して任務に戻っている。

続いて16日、85戦隊は四式戦5機、二式単戦5機の全力で出撃。14時36分、新挫島沖、三租島で高度4千メートルにB-24、27機、高度4千から8千メートルにP-51、50ないし40機を発見して交戦。若松大尉機の機関砲がまたも腔発事故を起こしたが、P-40撃墜1機、P-51撃墜3機、B-24撃墜1機を報じ、損害はなかった。米軍記録によれば、九龍半島のドックを爆撃する第308爆撃航空群のB-24、28機を護衛中、マカオの北西でP-51B型が1機撃墜されている。この空戦に参加した第118戦術偵察飛行隊のP-51は、二式単戦撃墜1機、撃破2機、一式戦撃破1機を報じている。撃墜を報じたのは同飛行隊の指揮官であるエドワード・マコーマス少佐で、ヴィクトリア湾への威力偵察中に報じたこの戦果を皮切りに、以後、10週間にわたって連続撃墜を報じることになる。

さらに17日、85戦隊は全力、四式戦5機、二式単戦5機で出動。15時30分から16時、広東でB-24、6機、B-25、9機、P-51、17機（高度5千から6千メートル）と交戦。P-51撃墜2機、不確実1機、撃破1機を報じ、損害はなかった。

第76戦闘飛行隊のP-51操縦者は、広東、天河飛行場でポール・スミス少尉が二式単戦の撃墜確実1機と一式戦の撃破1機を、ウィリアム・ムーア中尉がゼロの撃墜確実1機、ヘンリー・エルドリッチ中尉が一式戦撃破1機を報じている。この日、第26戦闘飛行隊のP-51B型が1機撃墜され、

チャールズ・E・ポーター中尉が落下傘降下（米軍報告書によれば喪失原因は不明）、後に生還したとされている。第341爆撃航空群のB-25の乗員は「目標到達三分前。識別不能の戦闘機5機が友軍護衛戦闘機と格闘戦を始めた。敵か味方かわからないが、うち1機が発煙しながら降下してゆくのが見えた」と報告している。日本側に損害がなかったのだから、この発煙降下していた機体がポーター中尉のP-51だったのではないだろうか。

19日の17時30分、85戦隊全力、二式単戦5機、四式戦4機が、高度4千メートルで航進中、藤縣（丹竹西方28キロ）上空1500メートルに西進中のP-51、5機を発見したが、上昇追跡中、米軍戦闘機は雲に入り見失ってしまった。

10月20日、広東で85戦隊の根岸恒久中尉が戦死となった。おそらく、これを邀撃した85戦隊機との間で空戦となっただろう。第118戦術偵察飛行隊のP-51のジョージ・グリーン中尉が広東で二式単戦撃墜確実1機、撃破1機を、同じくエドワーズ・マコーマス少佐が二式単戦撃墜不確実1機を報じている。戦史叢書には「この損害で、85戦隊の空中勤務者は8名にまで減少してしまった」とあるが、ほぼ一ヶ月前、9月12日に39名であった空中勤務者の、この間の戦死者は12名。単純な引き算でも27名。さらに人員の補充があったかもしれないので、この激減ぶりはおかしい。前日19日の可動機が9機だったので、1機減って「可動8機にまで減少してしまった」の誤りだろうか。

10月末、同じく二式単戦で編成されていた9戦隊の1個中隊が広東に移動、同地区の防空戦力は大いに増強された。10月30日のB-24、13機による香港空襲以来、11月上旬から中旬は85戦隊の防空担当である広東、香港方面への空襲は途絶え、戦隊は戦力回復を進めることができた。11月13日、85戦隊の保有機は二式単戦17機、四式戦10機、計27機まで回復していた。この頃、中国の陸軍戦闘機隊は消耗甚だしく、25戦隊は一式戦9機、四式戦3機を保有、9戦隊は二式単戦がわずか5機、衡陽で大打撃を受けたばかりの48戦隊にいたっては一式戦2機を保有していたに過ぎず、85戦隊は当時、最大かつ最強の戦力を保っていたのである。

一方、4日の空戦でP-51を一挙に4機も失った第76戦闘機隊にとっても10月は厳しい月となった。この一ヶ月間の戦闘と事故で22機のP-51と10名もの操縦者を失っていた。

11月16日、85戦隊の四式戦7機が梧州でP-51、4機と交戦。野村秋好准尉がP-51撃墜確実1機、その他の操縦者が撃破2機を報じている。「四式戦1機が不時着したが人員は無事であった」と「第五航軍発電綴」にはこう書かれているが、この不時着機を操縦していたのかどうかはわからないも

昭和20年１月、遂川飛行場で暖気運転中の第118戦術偵察飛行隊のエドワード・マコーマス中佐のP-51D型。

第341爆撃航空群のB-25Ｊ型と、第51戦闘航空群、第25戦闘飛行隊のP-51B型、昭和20年夏 (Bud Biteman via Carl Molesworth)。

の85戦隊では石川麟軍曹が広東で戦死している。この日、第26戦闘飛行隊のジョセフ・パスコリ中尉のP-51で、三式戦の撃墜され落下傘降下、後に生還している。だがパスコリ中尉自身も撃墜され落下傘降下、後に生還している。またダフィ中尉のP-51も主翼に20ミリ機関砲弾3発と機銃弾数発を受けて損傷した。

12月8日、南京が大空襲を受けた。少飛8期のベテラン、中沢英雄曹長に率いられ、北京から漢口へ、85戦隊の4機編隊はこの空襲に参加していない四式戦を空輸中だった85戦隊はこの空襲に巻き込まれ、矢木沢富夫伍長と、立野音一伍長機が第74戦闘飛行隊のP-51、ロバート・ブラウン大尉機に撃墜されて戦死、二人とも未だ実戦参加は覚束ない腕前の少飛12期の操縦者であった。中沢曹長機は13発を被弾、左翼に直径1メートルもの穴を開けられたが、巧みな回避機動でかろうじて南京の飛行場に着陸できた。

この空戦には第101教育飛行団の三式戦10機と、一式戦7機が参加、P-51撃破1機を報じている。実際、第23戦闘航空群のP-51、フレデリック・マクギル中尉機が撃墜されて落下傘降下している。この日、空戦で失われた戦闘機は空輸中の2機のみだったが、地上で各種機体の炎上16機、大破、中破11機という大損害を被った。

10月30日から12月上旬まで、第308爆撃航空群のB-24が数回に渡って主に香港、九龍の港湾施設を爆撃している

が、掩護に着いて来たと思われる米軍の戦闘機とは一切撃墜戦果を報じていないし、B-24の喪失もない。日本戦闘機にも損害はなかった。いったいその間、85戦隊が何をしていたのかまったくわからない。85戦隊は12月中旬に漢口へ移動した。戦隊が去った広東には代わって9戦隊が配備された。

12月18日、戦爆百数十機による漢口大空襲

元毎日新聞記者で、当時、漢口支社に勤務していた益井康一氏の著書『本土空襲を阻止せよ』によると、11月13日、米軍が無差別爆撃を行うと言う情報が入り、実際、11月の22日、第308爆撃航空群のB-24、22機が漢口を爆撃、24日夜には同じく第308爆撃航空群のB-24、21機が漢口の港湾施設と倉庫を爆撃、第341爆撃航空群のB-25も武昌、漢口地区を猛烈に爆撃。

12月10日にはふたたび25機のB-24が漢口を爆撃した。16日、同『本土空襲を阻止せよ』に引用されている益井氏の日記には、漢口の街頭に家財をまとめ市外に避難する中国人の群れが現れ、郊外に出てみるとあぜ道は避難する民衆で長蛇の列になっていた。大空襲の予告があったらしい、としるされている。

17日、真冬の寒さの中、上半身裸の米軍捕虜3名が、中国人の巡警に漢口の街路を引き回された。「漢口を無差別爆

米軍の無差別爆撃を非難する壁画。

18機の確実撃墜を報じ、米第14航空軍のトップエースとなったチャック・オールダー中佐（Carl Molesworth collection）。

撃した米国の鬼〜漢口盲炸美鬼」として彼らは後ろ手に手錠をかけられていた。米兵は沿道を受け半死半生になったところで衆人環視の中で焼き殺された。「漢口死の行進」事件である。これは、米軍の爆撃がつづき、日本軍が劣勢にあると侮りはじめた中国人への示威行為として、第34軍の参謀長、鏑木正隆少将の差し金によって行われた残虐行為であった。

翌18日、12時7分、漢口に84機のB-29が高度6千600メートルで、3梯団、7波に別れて来襲した。来襲を30分前に知った25戦隊は可動全機、四式戦13機と、一式戦12機でこれを迎え撃った。85戦隊は可動全機、四式戦13機と、一式戦12機でこれを迎え撃った。後の日本の諸都市に対する無差別空襲の先行実験になったと言われる漢口市街への焼夷弾攻撃の威力は激烈で、市街は一面火の海となった。

当時第2分隊長を務めていた大久保操軍曹の回想によれば、85戦隊は若松少佐の指揮のもと武漢上空8千5百メートルで待機。各10機編隊で3梯団に分かれたB-29機が前上方から小隊ごとに同時攻撃したが、物凄い撃ち合いとなり、大久保機が反転離脱すると僚機と思しき司軍機が彼のもとから離れ、B-29編隊の隊長機と思しき機体に衝突するのが見え、大空に破片が飛び散り、両機とも墜落したと回想している。

邀撃に当たった両戦隊はB-29の不確実撃墜2機、撃破11機を報じた。この日、漢口作戦に参加した第40爆撃航空群でB-29「エイブル・フォックス」(42-24466)が飛行不能になり、乗員は安康で落下傘降下した。原因はわからないが、空戦による被弾機、または細堀機が衝突した機が帰途に墜落したのかもしれない。乗員11名は救助され無事に帰還している。

B-29の来襲から2時間後、14時15分、邀撃の戦闘機が給油のため着陸した頃を見計らって、第308爆撃航空群のB-24、35機とともに、米支第5戦闘航空群の第26、27、29、32戦闘飛行隊のP-40N型32機が2個編隊に分かれて漢口飛行場を攻撃、息つく暇もなく空戦を演じ、25、85戦隊機と洞庭湖上空で激しい空戦を演じ、冷培樹中尉のP-40がまた撃墜され、彼は落下傘降下。7月19日、8月29日に落とされた時のように生還した。撃墜された戦闘機から脱出して生還する米中の操縦者は珍しくないが、冷中尉のように3回というのはさすがに珍しい。この空襲の最中、基地に帰ってきた独飛第18中隊、百式司偵II型(木内乙次郎軍曹操縦、松木文雄大尉偵察)は「空中回避せよ」との命令に対して、残燃料がないということで漢口への着陸を強行した。だが滑走中2機のP-51に襲撃され、たちまち発火、松木大尉(左手切断の重傷)と、木内軍曹(無傷)は機外に脱出したが、攻撃して来たのは米支第32戦闘飛行隊のP-40だった。ジェームズ・シルバー中尉は飛行場の証言にはP-51とあるが、

「中国大陸の鍾馗と疾風」アンケート

お買い上げいただき、ありがとうございました。今後の編集資料にさせていただきますので、下記の設問にお答えいただければ幸いです。ご協力をお願いいたします。なお、ご記入いただいたデータは編集の資料以外には使用いたしません。

①この本をお買い求めになったのはいつ頃ですか？
　　　　年　　　　月　　　　　日頃(通学・通勤の途中・お昼休み・休日) に

②この本をお求めになった書店は？
　　　　　　　　　(市・町・区)　　　　　　　　　　　　　書店

③購入方法は？
1 書店にて(平積・棚差し)　　　2 書店で注文　　　3 直接(通信販売)
注文でお買い上げのお客様へ　入手までの日数(　　　日)

④この本をお知りになったきっかけは？
1 書店店頭で　　　　2 新聞雑誌広告で(新聞雑誌名　　　　　　　　　　　)
3 モデルグラフィックスを見て　　　4 アーマーモデリングを見て
5 スケール アヴィエーションを見て
6 記事・書評で(　　　　　　　　　　　　　　　　　　　　　　　　　　)
7 その他(　　　　　　　　　　　　　　　　　　　　　　　　　　　　　)

⑤この本をお求めになった動機は？
1 テーマに興味があったので　　　　2 タイトルにひかれて
3 装丁にひかれて　　　4 著者にひかれて　　　5 帯にひかれて
6 内容紹介にひかれて　　　　　　　7 広告・書評にひかれて
8 その他(　　　　　　　　　　　　　　　　　　　　　　　　　　　　　)

この本をお読みになった感想や著者・訳者へのご意見をどうぞ！

ご協力ありがとうございました。抽選で図書カードを毎月20名様に贈呈いたします。
なお、当選者の発表は賞品の発送をもってかえさせていただきます。

郵便はがき

101-0054

おそれいりますが切手をお貼りください

東京都千代田区神田錦町
1丁目7番地　㈱大日本絵画
読者サービス係 行

アンケートにご協力ください

フリガナ				年齢
お名前				（男・女）

〒
ご住所

TEL　（　　）
FAX　（　　）
e-mailアドレス

ご職業	1 学生	2 会社員	3 公務員	4 自営業
	5 自由業	6 主婦	7 無職	8 その他

愛読雑誌

このはがきを愛読者名簿に登録された読者様には新刊案内等お役にたつご案内を差し上げることがあります。愛読者名簿に登録してよろしいでしょうか。

　　　　□はい　　　　□いいえ

陸軍戦闘隊撃墜戦記2
中国大陸の鍾馗と疾風

9784499229524

で「九九双軽」を1機撃墜したと報じている。この日、他に双発機を撃墜したと報じている操縦者はいないから、司偵を撃ったのは彼に違いない。

15分後、第118戦術偵察飛行隊のP-51C型17機に掩護されたB-25の編隊が現れ、揚子江を挟んだ漢口の対岸、武昌の飛行場を襲った。B-25が投弾を終え、P-51が在地機で一杯だった飛行場への機銃掃射を始めると、4機の一式戦が姿を現した。高度1200メートルで上空掩護についていたオールダー中佐の編隊は降下攻撃をかけ、一式戦の撃墜2機を報じた。カールトン・コヴェイ中尉が落とした隼からは操縦者が脱出したという。この日、落下傘降下中の操縦者を執拗に射撃しているP-51がいたという日本側の証言があるが、多分それはこの第118戦術偵察飛行隊の所属機なのだろう。

ほぼ同じ頃、第311戦闘航空群のP-51、計37機は漢口飛行場襲撃に向かっていた。85戦隊の大久保操軍曹は、斎藤戦隊長以下、戦隊の全機とともに四式戦で離陸。やがてP-51の大編隊を発見、対進で撃ち合い、反転して追撃に移る。だが漢口の北、約30キロほどの孝漢付近でP-51、6機が襲撃、被弾で風防が砕けて右顎を負傷したため孝漢に着陸した。機体を掩体の方へ移動している時、またP-51に撃たれ焼夷弾で顔を火傷、その後、彼は五ヶ月入院することになった。第311戦闘航空群

の第528戦闘飛行隊に所属するジョセフ・ウォルターズ中尉が漢口の北32キロの孝漢上空で二式単戦撃墜1機を報じているので、85戦隊機と交戦したP-51の大群というのはおそらく第311戦闘航空群機だったのであろう。斎藤藤吾戦隊長も被弾20発をこうむり、P-51が放った焼夷弾が風防を破り、顔に大火傷を負った。

25戦隊の清野英治准尉は猛爆の中を離陸、超低空でいったん空戦域を離れて高度をとり、P-51を1機撃墜したが、被弾、左脚に負傷して、敵戦闘機の重囲に陥ったがかろうじて離脱して、漢口飛行場の予備滑走路に胴体着陸、約一ヶ月の入院後、戦隊に復帰した。交戦相手であった可能性が高い第311戦闘航空群の第529戦闘飛行隊はこの日、空戦でP-51C型（MACR10631）1機を失っている。これが清野准尉の戦果なのだろうか。

更に1時間後、遂川から武昌の補助飛行場攻撃に向かうB-25を掩護する第74戦闘飛行隊のP-51が18機現れた。日本軍戦闘機が給油に降りたタイミングを見計らったつもりだったが、飛行場で在地の戦闘機を捕捉することはできず、舞い上がってくる四式戦との空中戦となった。85戦隊は空襲の合間に燃弾を補給して各機とも数回出動したが、地上で破壊される機もあって可動機は逐次減少し、若松幸禧少佐は2度目の離陸後、敵戦闘機十数機に包囲され健闘むなしく武昌第2飛行場から1キロの地点に自爆、壮烈な戦死を遂げ、遺体は

軍偵／直協部隊の44戦隊から、戦闘機操縦者への転換教育を受けていた少飛12期の高柳寿之助伍長は、漢口飛行場で、大空戦のさなか、燃料が尽きたのか脚を出して着陸しようとする四式戦を見て驚いた。その疾風は、滑走路の第4旋回点に向かっていた所を後方から撃たれて撃墜されてしまった。さらにもう1機、低空から脚を出して飛来する、この機体は無事に着陸したが、滑走中に右に引っかけられ脚を折って停まった。そのおかげで追跡してきたP-51は射撃頭上を飛び越して去って行ったと回想している。
　こうして3時間にも及んだ大空襲は終わった。日本軍の大補給基地であった漢口、武昌を含む大武漢地区は完全に破壊され、その機能を失った。85戦隊では、この日、若松少佐を

後に収容された。第74戦闘飛行隊では、武昌補助飛行場北側の揚子江、武昌の補助飛行場の南方、あるいは武昌市街と補助飛行場の間で「一式戦」を確実に撃墜したと報告している操縦者が5名おり、その内の誰かが高名な「赤鼻のエース」を仕留めたものと思われる。この空戦で第74戦闘飛行隊は2機のP-51を失った。ジョン・ホイーラー中尉機は対空砲火で傷つき、漢口の南東で落下傘降下したのだが、武昌の補助飛行場北側の揚子江で一式戦を落としたと主張しているワレイス・カズンス中尉（生還）はどうして撃墜されたのかわからない。あるいは85戦隊の四式戦が一矢を報いたのかも知れない。

はじめ古参の柴田力男准尉、細堀正司軍曹、斎藤藤吾戦隊長は被弾、火傷を負い、可動機は2、3機になってしまった。述したように、大久保操軍曹は負傷して不時着、可動機は2、3機になってしまった。四式戦の自爆は2機、未帰還は1機とされている。
　25戦隊も燃料補給のため、やむをえず着陸した戦闘機は地上で捕捉され次々と炎上、壊滅に近い損害を出した。戦隊の戦死者は山根有朋曹長、内海三之治軍曹の2名であったが、加えて百戦錬磨の田代忠夫、清野英治両准尉までが負傷し、向谷克巳戦隊長も危うく戦死を免れるという惨状だった。翌日の可動機は2機にまで低下し、被弾機を内地に派遣させて代機を受領させることになった。一部の操縦者が燃料補給を受けとなかったので、一式戦の損害は自爆、未帰還、不時着大破（清野准尉）各1機であった。
　両戦隊は、P-51撃墜4機、撃破3機を報じた。空中での損害は合計自爆3機、未帰還2機。飛行場では戦闘機8機、双軽4機、百式司偵1機が炎上。戦闘機6機が大破させられ、武漢地区の戦闘機出動可能機数は20機と半減してしまった。
　この日、米軍と米支混成空軍は撃墜確実25機、不確実3機、撃破8機を報じている。日本側で、実際に撃墜されたのは接地直前の司偵も含め6機であるからおよそ5倍の過大戦果報告ということになる。損害はP-51の未帰還4機、P-

40の未帰還1機。うち確実に空戦で落とされたのは2機、1機は対空砲火、1機は航法ミス、1機は原因不明とされているが、この内わかっている限りでも4名の操縦者が後に生還している。

この空襲ではおびただしい数の中国市民が焼死し、米軍による「漢口死の行進」事件の報復だと噂された。しかし、いかに米軍といえども報復のため一日でこんな大規模な作戦が準備できるはずもなく、空襲は捕虜殺害とはまったく無関係であった。

翌19日早朝、チャック・オールダー中佐が率いる第118戦術偵察飛行隊のP-51がふたたび武漢地区に来襲、撃墜5機を報じているが、どの部隊が邀撃したのかわからない。この日、日本軍戦闘機隊に戦死者はいないので、もし本当に墜落機があったとしても5機は落ちてはいないと思う。

21日、11時頃、85戦隊の四式戦4機は彰徳地区で、成都から、満州の奉天を爆撃に向かうB-29、延べ13機を捕捉。撃墜確実1機、不確実2機、撃破3機を報じ、85戦隊は全機が無事に帰還した。第58爆撃航空団のB-29は19機で成都を離陸、8機が目標上空に達し、2機が体当たりで、もう1機は夕弾で撃墜されたとされている。いずれも失われたのは奉天、または独飛25中隊の上空なので、撃墜したのは104戦隊、または独飛25中隊か満州軍航空隊の特攻機で、85戦隊の撃墜戦果報告は誤認で

あった。

23日、第5航空軍の記録によれば、14時20分、武漢地区にP-51、15機とB-29が1機来襲した。実際にやって来たのはマコーマス少佐率いる16機の第118戦術偵察飛行隊のP-51であった。目標は漢口、武昌間を結ぶ揚子江フェリーだったが、一式戦の強力な反撃を受け、8機の撃墜を報じたもののロバート・ベーンケ中尉のP-51が撃墜されたと報告している。中尉は落下傘降下を試みたがうまく開傘せず戦死した。

四式戦8機で邀撃した85戦隊はこの空戦でP-51撃墜1機、撃破2機を報じたが、四式戦1機が自爆、操縦者は落下傘降下の一式戦4機を連続撃墜。1日で5機を仕留めると言う中国のP-51が今までなし得なかった前人未踏の大戦果を報じた。彼が離陸直前の一式戦4機を撃墜したと報じているのは武漢ではなく、最初に落とした一式戦（おそらくは85戦隊の四式戦）の僚機2機に追われて行った先の二套口飛行場なので、もしこの戦果報告が本当ならば、犠牲になったのはこの辺りで防空を担当していた第29教育飛行隊の所属機かも知れ

ない。この日の教育飛行隊の損害については記録がない。

12月31日、昭和19年最後の日の13時、第51戦闘航空群、第16戦闘飛行隊のP-51が漢口と武昌飛行場を攻撃。ウィリアム・スローター中尉が二単の撃墜確実1機を報じている。空戦の詳細は不明だが、この日、漢口で85戦隊の宮本利雄軍曹が戦死した。第16戦闘飛行隊の損害の有無はわからない。

昭和20年1月、漢口への連続空襲

明けて昭和20年1月3日、5日、6日、そして14日と、武漢地区の飛行場は連続空襲を受けた。
迎撃に当たったのは25戦隊と、48戦隊と思われ、進攻した米支混成空軍はP-40とP-51合わせて8機と操縦者4名を失った。更に中国大陸で初めて攻撃作戦にP-47「サンダーボルト」を投入した第81戦闘航空群はP-51、48の両戦隊も空戦と対空砲火で戦死6名の大損害を受けしかし邀撃した25、48の両戦隊も合計で戦死6名の大損害を受けている。この時期、85戦隊も漢口にいたはずであるが戦果もなく、戦果も伝わっておらず、漢口にいたはずであるが戦果もなく、戦果も伝わっておらず、米軍操縦者による「トージョー」の撃墜戦果報告はあるが、実際に戦闘に参加したかどうかはわからない。

1月17日、13時15分、第81戦闘航空群のリパブリックP-47「サンダーボルト」の18機が漢口と武昌の飛行場群を襲った。第92戦闘飛行隊のエドワード・スラシンスキー中尉が一

式戦撃墜確実1機を報じており、この日、武昌では25戦隊の川辺雅男軍曹と、85戦隊の広中伸之大尉が戦死した。第81戦闘航空群はさらに三式戦撃墜1機、一式戦不確実2機、撃破11機を報じている。一方、第81戦闘航空群では第91戦闘飛行隊のP-47D型、アール・ロッゲンバウアー中尉機が対空砲火で撃墜された。この日は米支第8戦闘飛行隊フリーランド・マシューズ中尉のP-40も漢口で撃墜されている。同機の喪失原因は不明だが、25戦隊、85戦隊が撃墜した可能性もある。またこの日、第311戦闘航空群もP-51C型1機(MACR11645)を失っている。もしかすると漢口攻撃に参加して撃墜されたのかも知れない。

1月末、85戦隊は南京に後退、同地で補充者を迎えるとともに錬成を進め、同じく南京に移動していた25戦隊とともに数度の邀撃戦にも参加した。従来、南京では第110教育飛行団の三式戦が防空を担当していたが、12月8日と25日に第74戦闘飛行隊のP-51に襲撃され、P-51を2機撃墜したものの空地で大きな損害をこうむっていた。南京への空襲はその後もつづいた。いつ何回あったのか正確にはわからないが、米軍が撃墜戦果を報じている空襲だけを列記してみよう。まずは2月18日、第26戦闘飛行隊が南京を襲い、二単の撃破1機を報じている。交戦したのは85戦隊機と思われるが、戦果、損害ともに不明。少なくとも戦死者は出していない。第26戦闘飛行隊の損害の有無もわからない。この頃、米支混

成空軍はP‐40からP‐51への装備改変を進めており、数多くの中国人操縦者が新機種への慣熟訓練のためインドに派遣されていた。その穴埋めとして第51戦闘航空群の第25、及び第26戦闘飛行隊が老河口基地に派遣されていたのである。

2月中、米軍と米支混成空軍は揚子江の日本軍補給線への対地攻撃や、青島への侵攻に忙殺されており、南京の上空にはあまりやって来なかった。3月1日、米支第7戦闘飛行隊、17時、10機のP‐51が南京を急降下爆撃。目標上空でマスタングに襲いかかって来た二単をトーマス・レイノルズ少佐が返り討ちにし、2機を空中で爆発させ、別の1機を撃破したと報告している。同飛行隊のウォン大尉も二単撃墜1機を、さらに第26戦闘飛行隊が一式戦撃墜確実1機、不確実1機を報じているが、日本側に戦死者は出ていない。

7日、85戦隊は情報により四式戦8機を離陸させた。南京上空でP‐51、4機と交戦。長谷川芳信少尉機が被弾、中破したが、戦果は報じられなかった。この日は爆装した4機の米支第7戦闘飛行隊のP‐51、4機と、第26戦闘飛行隊のP‐51が6機、南京を空襲。12機から15機の二式単戦と一式戦、ジョブスン中尉が一式戦の撃墜確実1機を、フォスター中尉が不確実1機をそれぞれ報じている。

9日、第26戦闘飛行隊のP‐51が、15時40分、南京で一式戦撃墜2機、不確実1機、撃破5機を報告。85戦隊は四式戦8機でP‐51、4機と交戦。損害も戦果も報じられなかっ

た。

11日、黄河の鉄橋を爆撃した中国空軍第1大隊のB‐25が1機、空戦で撃墜され乗員6名が戦死している。交戦したのは南京から飛んだ25戦隊の一式戦か、85戦隊の四式戦なのかも知れない。

12日、85戦隊の戦闘詳報によれば、南京東方高度千メートルを単機で飛んでいた85戦隊の長谷川芳信少尉機はP‐51、3機に襲われ、撃墜されて戦死した。だが米軍はこの日、撃墜戦果を報じていないし、85戦隊の襲っていた米支混成空軍の基地、老河口飛行場では12日から、21日まで悪天候によって作戦が実施できなかったという。また「空軍抗日戦史」を調べても、中国空軍はこの日、撃墜戦果を報じていない。

24日、第530戦闘飛行隊のP‐51、6機は安康を離陸、南京の日本軍飛行場3カ所を襲撃した。アレクサンダー中尉が二単撃墜1機、アラスミス中尉が一式戦撃墜1機を報じて、全機が無事に帰還した。この日は、85戦隊の進藤俊之中尉が南京で戦死、一連の南京空襲のなかで初めて、米軍の戦果と日本側の損害記録が合致している。

防衛庁の戦史室にはどういう経緯からか、ただ一冊だけ昭和20年3月1日から31日までの85戦隊の戦闘詳報が残っている。これによると24日の空戦では進藤中尉が戦死したほか、山本曹長が被弾して胴体着陸、もう1機が空戦で被弾中破、柴田機は離陸直前に攻撃され操縦者は無事だったものの

機体は中破とされている。そして本梅少尉がP-51の撃墜1機を報じている。戦隊の戦闘詳報に24日と記されているこの空戦が、もし25日の空戦であったとすれば、日本側記録と米軍記録が一致する点がいくつも出てくる。しかし戦闘詳報の日付が間違っているなどという事態がありうるのであろうか。戦闘詳報で24日に胴着した山本曹長機は、25日にも被弾して胴体着陸している。同じ操縦者が2日続けて胴着することがないとは言えないが頻繁にあることではないだろう。

た24日も、25日も3機が被弾し1機は胴着（山本曹長）、もう1機は空戦、さらに1機は地上で被弾するなど、被害状況が酷似している。

以下の記述は、多少の無理は承知で、85戦隊の戦闘詳報が24日と25日の空戦を混同しているという前提で書いたものである。

南京上空、中国戦線最後の勝利

25日は一連の南京空襲の最終日だった。米陸軍航空隊の「航空作戦情報報告、作戦第169号」によれば、第311戦闘航空群に属する第530戦闘飛行隊のP-51C型14機は、11時40分、安康飛行場から離陸した。遅れてさらに4機が離陸。しかし途中で1機が冷却器の不調で基地に戻った。14時、クールマン少佐率いるレッド編隊3機のP-51は高

度3キロメートルで西方から南京上空に侵入。南京の補助飛行場上空で旋回し城内飛行場に向かって降下、飛行場を北東から南西に向かって機銃掃射した。コーフマン中尉は飛行場の北東側にいた数機の一式戦を射撃、地上撃破1機を報じた。彼はその地域を高度60メートル時速760キロで通過中、対空砲火の命中を感じた。編隊は高度90メートルを保ち、南京南部の掃射を続けた。

当時、南京の城内飛行場には25戦隊の四式戦がおり、日付は不明ながらP-51の邀撃に全力出動、全機が帰還したとの証言もあるが、具体的なことは一切わからない。とは言えこの期間中、戦死者は1名も出ていない。

その後、レッド編隊は揚子江上空で南に旋回、高度9百メートルで城外飛行場に向かった。編隊指揮官のクールマン少佐は飛行場へ降下するよう命じた。編隊は南西から北東に急降下した。少佐は滑走路南東にあった機種不明機を射撃。その射撃を受け、機体が爆発するのが見えた。クールマン少佐が仕留めた飛行機以外、目標が見あたらなかったのでコーフマン中尉は発砲しなかった。編隊は上昇し、再び同じ飛行場を北東から南西へと掃射、攻撃を終えた。

85戦隊がいたのは、南京の郊外にあったこの城外飛行場であった。この日、飛行場では85戦隊の整備隊、宇野少尉以下3名がP-51の対地攻撃に対してホ103改造の対空機

第311戦闘航空群、第530戦闘飛行隊の指揮官でトップエース(10機撃墜)のジェームズ・イングランド少佐と彼のP-51D型 (Carl Fischer via Carl Molesworth)。

第311戦闘航空群、第528戦闘飛行隊のダーウッド・アモネット中尉のP-51D／K型。昭和20年、西安で撮影 (Derwood Amonett via Carl Molesworth)。

南京の飛行場(Jane Dahlberg via Carl Molesworth)。

関砲1門で応戦。P-51、1機に白煙を曳かせたとされている。13時22分、南京の電波警戒機から「方位270度、距離125キロ、感度小」との情報を得ていた。13時31分、四式戦10機の全力で離陸、南京上空を哨戒していた。しばらくすると進藤中尉の第2小隊からエンジン故障のため大久保軍曹機が脱落、もともと3機だった小隊は2機となってしまいました。

城外飛行場攻撃を終えたレッド編隊は緩やかに上昇、警戒、回避運動をしながら、西に旋回、帰途についた。フレイツァー中尉は急旋回して、少佐機のそばに寄った。P-51少佐を先頭にV字編隊を組んだ。フレイツァーが右、コーフマンは左に付いた。編隊はおよそ時速480キロの高速で上昇、高度9百メートル付近にいた。フレイツァー中尉機の背後に1機がいるのが見えた。その後さらにもう何機かいる。コーフマンはフレイツァーに無線で警告を発したが、明らかに聞こえていないようだった。二回目の警告を発した時、二単は彼を射程に捉え、フレイツァー中尉機に発砲した。P-51はゆっくり回避し、二単は右に旋回して行った。フレイツァー中尉機はそのまま降下を続け、南京から南南西におよそ4マイルの揚子江に墜落、炎上した。高度15メートルの墜落機から茶色い物体が飛び出し、機体が落ち燃える水面から数フィート離れた地点に落下するのが見えた。時速480キロで落下する機体か

ら飛び出して水面に叩きつけられた彼が戦死したことは間違いない。右旋回した二単は追跡を試みたが、二単はコーフマンの方に旋回して来た。彼は時速480ないし560キロで、50度くらいの角度から偏差射撃を行った。二単は急旋回し射界から逃げた。曳光弾が敵機の胴体に吸い込まれるのを見たが、破片も炎も出なかったので、コーフマン中尉は二単の撃破1機を報じた。この時、クールマン少佐の姿が見えなくなっており、無線で呼びかけると少佐は「エルロンを撃たれたので帰還する」と答えた。彼の位置がわからなかったので、コーフマン中尉は単機で帰還することにした。少佐は後に「エンジンがダメになった。熱くて居られないので脱出する」との無線交信を行ってから無事に落下傘降下する姿を目撃されている。

85戦隊の四式戦はP-51の攻撃を受け、いったん散り散りになったが山本曹長を中心に金子少尉、本梅少尉の3機が南京上空、高度4千5百メートルで編隊を組んだ。約百メートル上空の左後方からP-51が2機襲撃してきた。山本曹長機が被弾、態勢をただちに挽回し反撃を浴びせるとP-51は遁走、本梅機はこれを追撃、後上方から連射を試みるとP-51は白煙を曳き、南京の南西、揚子江（西進中だった）P-51はもう1機（クールマン少佐機?）に墜落した。本梅少尉は追撃、後上方から連射を加えたが戦果は確認できなかった（そして右旋回退避した）。本梅機の消費弾薬は20ミリ63発、13ミリ153発

であった。被弾した山本機は飛行場への着陸を試みたが主脚が出ず、胴体着陸を余儀なくされ機体は大破した。

アラスミス中尉が率いる4機のイエロー編隊は「2機のP-51が対地攻撃を終えて機首を上げ右旋回。おそらく二単と思われる飛行機3機がレッド編隊を追跡していた。敵機2機は右に離脱、3機目が右からP-51を射撃。その二単は射程約90メートルから翼の4門を使って長い連射を放った。次いでその二単は、多分フレイツァー中尉機から冷却液を噴出させて右に旋回。フレイツァー機はそのまま南京の南南西3、ないし4マイルの揚子江に墜落。15メートルくらいの高さで何かが機体から離れ墜落したP-51のすぐそばに落ちた」と証言している。

2機のP-51からなるグリーン編隊は、高度5千百メートルで西方から南京に侵入した。南京の西方15マイル地点で編隊は大きく旋回、リーヴス中尉はおよそ3百メートル下方に4機の二単と1機の一式戦を発見した。二単は4機編隊を組んでおり、一式戦はその少し前方を1機で飛んでいた。この一式戦は明らかに囮だったが、リーヴス中尉は攻撃を決意、およそ20度の角度で一式戦の背後から射撃を開始した。その距離から射撃し機体と左翼に命中、約3百メートルの距離から射撃を開始した。曳光弾は胴体と左翼に命中、小さな破片を飛散させた。その一式戦はスプリットSを試みたが中途で止め、直線水平飛行に戻った。リーヴス中尉は同機が黒煙を噴出し、少々炎が見えるまで撃ちつづけた。離脱

が遅れたブルー編隊のスペンスリー中尉が、フレイツァー中尉機の墜落地点から1マイルほど南の揚子江で別の飛行機が燃えるのを見ており、編隊が空戦していたのは南京南方の揚子江上だったということから、彼はこの一式戦の撃墜確実を主張している。

一式戦が落ち始めると、彼は編隊の背後にいる4機の二単に気づき、旋回し高度5千7百まで上昇。二単は編隊の左、高度6千にいた。リーヴス中尉は1機の二単の背後に回り、射程3百メートルで発砲。その二単は左に回り、そのまま錐揉み状態で落ちていった。彼は撃ち続けながら追跡。その二単は煙を噴出しながら、城外飛行場の西、約3マイル地点に墜落した。その時までにリーヴス中尉は僚機を見失っていた。6千メートルまで再び上昇、先ほどの二単編隊をもう一度攻撃した。だが、1門を除いて他の機関銃が作動しなかったので、離脱。ベック中尉を呼んで帰還しようとした。高度6千メートルで針路を定めた時、ベック中尉機と一緒になった。その刹那、尾部に衝撃を感じたので、翼を翻して垂直降下。高度約2千メートルでようやく引き起こした。後方を見ると右の水平安定板に被弾していた。ベック中尉機は姿を消していた。無線で呼び続けても応答はなかった。

進藤中尉の第2小隊2機は、P-51の第一撃をかわした後も、優位から押さえ込まれ苦戦していた。やがて川島伍長機はエンジン不調のため戦闘圏から離脱。単機となった進藤機は2

機のP−51と勇戦奮闘していたがやがて被弾、城外飛行場から南西約5キロの地点に墜落、戦死した。

530戦闘飛行隊は3機のP−51C型に遭遇した報告する第22機の二単と一式戦に以上のように、

少佐は後に生還したが、1名が戦死、1名が行方不明となった。両軍の記録と、進藤中尉の墜落地点が日米でほぼ一致している。米軍報告ではクールマン少佐機の撃墜地点を照合すると、P−51の撃墜地点と、進藤中尉の墜落地点が日米でほぼ一致していると結論しているが、目撃者の報告を読むと日本戦闘機、本梅機に撃たれた可能性もあるように思える。85戦隊の戦闘詳報に、この日、25戦隊の四式戦3機を目撃したという記述があるので、同戦隊も戦闘に参加したに違いないが、撃墜戦果を報じたり、被弾機や墜落機があったかどうかは不明である。少なくとも戦死者はいなかった。ベック中尉機は対空砲火にやられたか、25戦隊の四式戦に撃墜された可能性もある。中国とビルマで6機を落としたとされているエース、レナード・リーヴス中尉の5機目の戦果は進藤中尉機であったと思われる。6機目については可能性が得ないとは言えないが証拠はない。25、85、精鋭2個戦隊による中国戦線最後の空戦は悪くても五分五分、おそらくは日本側の勝利に終わったのである。

4月1日、25戦隊、85戦隊は沖縄作戦への協力のため、中国の戦場を去り、朝鮮半島の金浦基地に移動したとされて

いるが、翌日、上野道夫少尉が広東で戦死している。戦隊はいったん広東に行ったのだろうか。この日、米陸軍航空隊も中国空軍も広東を空襲したという記録はなく、当然、撃墜戦果も記録されていない。いったいどうなっているのか、どうもこの時期のことはよくわからない。

5月16日、少飛8期、志倉六郎曹長は、南京の邀撃戦闘で戦死したとされているが、米陸軍航空隊には撃墜の記録がない。中国空軍の記録にも、この日、空戦があったという記録はない。この後、戦隊は済南に移動、特攻による艦船攻撃訓練を実施した後、5月末、朝鮮の金浦飛行場に移動した。

8月13日、戦隊は米第7航空軍のP−47の空襲を迎え撃った。しかし、金浦飛行場が重爆戦隊の機体によって混雑していたため離陸が遅れ、中村少佐以下、5名が戦死するという手痛い敗北を喫した。

「日本陸軍戦闘機隊」では、85戦隊は終戦までに操縦者62名を失い、戦隊長、斎藤藤吾少佐の証言によれば、戦果の合計は撃墜、撃破約250機であったとしている。筆者が連合軍の損害記録から確認し得たほぼ間違いのない戦果の数は、他戦隊機とともに、85戦隊機も関与したと思われる空戦で落とされたのが19機、従って戦隊の実戦果は最大限43機、おそらくは30数機であったと推定される。これはもちろん筆者の調査が及んだ範囲のみを示す最低限の数字である。撃破戦果の実否についてはまず調べようがない。

飛行第9戦隊
決戦場にやって来た第2の二単部隊

「一号作戦」を目前にした第5航空軍待望の増援部隊

飛行第9戦隊は、昭和10年12月1日に編成された飛行第9連隊を前身とする伝統ある部隊であった。しかし長らく戦闘参加の機会を得られぬまま九七戦を使って満州で錬成を重ねていた。18年5月、戦隊は明野で装備を九七戦から当時の最新鋭機、二式単戦「鍾馗」に改変、伝習教育を受けた。翌19年2月、戦隊は中支戦線、武昌飛行場に移動。折から陸軍は乾坤一擲の大作戦、「一号作戦」の航空支援のため、長年、中国大陸で戦ってきた第3飛行師団を増強、第5航空軍を新設した。陸軍の名誉を賭けたこの大作戦を成功に導くため、当初は18個中隊（戦闘機9個、襲撃3個、爆撃6個）の増強が予定されていた。しかし抽出転用が予定されていた各戦線でも状況が逼迫していたため、結局のところ第5航空軍に増強されたのは、この9戦隊（3個中隊）のみといった結果になったのであった。

しかも出動命令と同時に第3中隊の隊員の約半数をはじめ他の中隊からもかなりの人員が新しく編成される教育飛行戦隊の基幹要員として転属させられ、結局、9戦隊は長年錬磨してきた戦力のおよそ三分の一を失った。

昭和19年2月21日、24機の二式単戦が、牡丹江郊外の団山子飛行場を離陸した。戦隊の編成は高梨辰雄少佐以下、飛行将校6名、准士官2名、下士官16名であった。航続距離の短い二単は途中、錦州に着陸し燃料を補給。ついで北京に一泊し、翌22日に南京に到着した。戦隊はここで一週間、地上勤務者の到着を待ち、3月の初めに武昌飛行場に前進した。前線に着いた戦隊は、人員の抽出によって低下した戦力を少しでも旧に復するために、揚子江を挟んだ武昌の対岸、漢口にいた百戦錬磨の25戦隊との協同訓練なども行いつつ日々、錬成に励んだ。

新生、第5航空軍は従来の作戦を実施しながら、整備およ

び訓練、空中勤務者と飛行機の補充、補給品の集積に努力していた。19年末、百機前後にまで低下していた航空軍の実働戦力も「一号作戦」の第一期「京漢作戦」の発起も間もない4月末までには168機（戦闘84機、双軽40機、偵察44機）まで回復した。航空燃料も2万5千トン、約半年分、そして航空弾薬も約2年分が集積されていたが、特定の弾薬、タ弾、機関砲弾などの在庫は乏しく緊急に補充する必要があった。

3月9日、米支第1爆撃航空群のB－25、13機、第3戦闘航空群のP－40、24機が揚子江に臨む石灰窰付近に停泊する日本軍船舶を襲った。米支空軍は断続的に揚子江の水路補給線に対する攻撃を継続していた。この攻撃もその一環であった。9戦隊はここで初めての実戦に臨んだ。しかし高梨戦隊長は同時に出動した25戦隊の一式戦に空戦を任せ、上空掩護に徹して空戦への加入を禁じ、25戦隊がP－40撃墜2機を報告しているのに対して、二式単戦が戦果を挙げることはできなかった。

交戦した米支第7戦闘飛行隊では実際にS・C・リン中尉のP－40が撃墜されて、彼は行方不明となった。また、T・C・リャオ中尉のP－40も被弾して緊急飛行場に着陸、機体は損傷した。その他、P－40がさらに2機損傷。またこの攻撃に同行したB－25も2機が被弾損傷している。中国側は一式戦の撃墜1機を報じているが、25戦隊に損害はなかった。

25戦隊の一式戦がこのような戦果を挙げられたのも、二式単戦による上空掩護の賜かも知れないが、新鋭戦闘機による戦果を待ち望んでいた第5航空軍の期待を裏切る結果となり、高梨戦隊長はこの消極的な姿勢を第5航空軍司令官から強く叱責された。

約三ヶ月後の6月18日、揚子江下流の安慶で行われた空戦でも25戦隊の一式戦がP－38の攻撃に当たり二式単戦は上空掩護を引き受けるという分担で戦い、P－38の撃墜4機を報じた（実際に落とされたのは2機）。この時は一式戦の攻撃で編隊を崩されて混乱したP－38を狙って二式単戦も上空から戦闘に加入して「一式戦と二式単戦の模範的な共同戦闘」として航空軍から賞賛された。

戦隊は9日の空戦後、安慶飛行場に移動。揚子江の水運を守る防空任務についた。この頃は、すでに船舶は空襲を避けるため、ほとんどが夜間に航行し、昼間は防空兵器を備えた停泊地に入り、場合によっては厳重に偽装されていた。だが日本軍後方地域にまで諜報員を放っている米中側は停泊地を探り出して頻繁に攻撃していた。ところが、行き過ぎた秘密保持のためか、それを守るべき9戦隊には日本軍船舶の運行、停泊状況が伝わっていなかった。従って、敵襲を知らされて急行しても米中軍機は一度も捕捉することができなかった。ただ安慶にいた間は新着の操縦者を訓練することができ、あながち無駄な期間ではなかったとも言える。

4月末、「一号作戦」の第一期作戦、黄河を渡って信陽に至る鉄道京漢線を打通する「京漢作戦」に協力するため、岩田大尉の第1中隊、10機のみを安慶に残し、主力の二単約20機は黄河に近い新郷飛行場に移動した。以後、新郷の9戦隊主力は日本軍の補給線、黄河の覇王城の4キロもの長大な鉄道橋を狙って来襲する米支混成空軍と、中国空軍の戦闘機隊と鎬を削ることになる。

　日本陸軍は、第6航空情報隊の電波警戒機小隊を鄭州に配置、橋梁付近に布陣する野戦高射砲第15連隊および9戦隊との連携によって、この重要な橋梁の空襲からの防護を図っていた。9戦隊の二単が防空任務に就く一方、6戦隊の九九襲撃機と、90戦隊の九九双軽が進撃する地上部隊を直接支援していた。

　4月22日、44戦隊の軍偵と直協は、栄陽および郭店から退却中の中国軍約3千名と、火砲数十門、弾薬車数百を捕捉、橋梁付近への退却部隊を反復攻撃し大打撃を与えた。また16戦隊の双軽も退却部隊を反復攻撃した。この日の延べ出撃機数は、9戦隊の二単25機、軍偵と直協58機、双軽30機、計113機に達した。

　28日、中国および米陸軍の航空部隊が、中国陸軍の鄭州撤退に合わせて鄭州北方の黄河鉄橋への爆撃を開始した。まずは在支米軍の第308爆撃航空群所属のB-24、26機が、鉄橋を爆撃。戦車第1師団防空隊の高射砲が射撃したが、電波警戒機の故障で、9戦隊の二式単戦はこの空襲を邀撃することはできなかった。

　当時、9戦隊では二式単戦の半数が常時戦場の上空を哨戒する態勢をとっていた。各操縦者の飛行時間は一日5時間を越えることも多かった。これは操縦者のみならず、機体の整備、飛行準備などに追い回される地上勤務者にとっても大きな負担だった。黄砂が舞う北支は視界が悪く、かなり近くで来ないと機影が認められず、目視による来襲機の捕捉は困難であった。日本側の報告によると、この頃からP-40の跳梁が激しくなったが、中国軍戦闘機は空戦を避ける傾向にあり、日本戦闘機の姿を見かけると逃げ出してしまうことが多かったと言う。

　5月3日朝、中国空軍、第3大隊のP-40が10機、黄河鉄橋を狙って2百ポンド爆弾14発を投下、うち4発が直撃したと報告している。次いで米支混成空軍のB-25、7機が同地域の日本軍地上部隊を攻撃。2機のゼロが出現したが空戦にはいたらなかったと報告。日本側は9戦隊の邀撃が遅れ、高射砲でB-25を1機撃墜したとしているが「空軍抗日戦史」によればB-25を取り逃がした「ゼロ2機」と報告されているのが、出動の遅れた9戦隊機なのではないかと思う。

　また「空軍抗日戦史」は中国空軍第4大隊のP-40N型11機が第1軍の黄河渡河点、垣間付近を攻撃中に、ゼロ12機が

高度3600メートルから降下攻撃を仕掛けてきたが、中国軍操縦者は敢闘精神と強大な火力で不利な態勢を挽回。ゼロ5機を撃墜、全機が無事に帰還したと記録している。このゼロ12機は9戦隊機、または運場飛行場にいた25戦隊機と思われるが、この日、両戦隊ともに戦死者はなく、仮に墜落機があったとしても大きな損害はなかったものと思われる。

6日、この日も黄河付近で空戦があった。中国空軍のB-25とP-40各3機がゼロ2機と遭遇し、1機を撃墜したというものだが、交戦したとすれば9戦隊機以外にはない。日本側は「わが陸軍航空部隊は新郷上空に来襲した10機の在支米空軍機を撃退した」と発表している。この交戦に関する詳しい記録はないが9戦隊に戦死者はなく、おそらく損害はなかったものと思われる。

16日、日本軍の攻撃を待つ洛陽の上空を哨戒中だった9戦隊は、やがて現れた米支第7戦闘飛行隊の4機と交戦した。中国側の記録によると、P-40は龍門を偵察中に発見した単機のゼロ1機をまず撃墜、次いで九九艦爆または九七戦1機を撃墜（この日、44戦隊の九九軍偵1機が洛陽付近で撃墜されている）。すると下方に二式単戦3機が出現、うち1機を撃墜したが、譚鯤（タン・クン）中尉はさらに5機を発見。また1機を落としたものの、燃料タンクに被弾、燃料漏洩のため商縣に不時着を余儀なくされた。機体は破壊されたが彼は無事であった。間もなく米支混成空軍のエースとなり名を残す譚鯤中尉は11日の25戦隊との交戦でも一式戦の撃墜2機を報じている。この16日、9戦隊では少飛8期の板東信一軍曹と、少飛10期の伊藤広康伍長が戦死した。譚鯤中尉機の撃墜が交戦相手側の損害記録と合致する9戦隊の初撃墜記録である。しかし同時に初めての戦死者も記録することになってしまったのである。

18日、第63師団、戦車第3師団を主力とする日本軍部隊が洛陽への攻撃を開始した。この日、中国空軍第4大隊と、米支第3戦闘航空群のP-40N型計25機は、長水鎮（洛陽の西方約70キロ）付近で中国軍の大部隊を包囲し、村に突入を図っていた戦車第1師団の日本軍戦車を狙って対地攻撃を実施した。師団防空隊の第1、第5中隊の高射砲が射撃、追い払ったが、中国軍の戦闘機はその後、日本機4機と交戦、李志遠が長水鎮の上空で撃墜1機を報じている。交戦したとすれば9戦隊か、25戦隊機だが、両戦隊とも戦死者はない。機体のみの損害があった可能性はある。

20日、洛陽城の堅固な城壁に突破口を穿つため、6機の襲撃機が三度にわたって洛陽城壁の北西陣地を爆撃した。9戦隊はこの間に来襲した8機のP-40のうち1機、6機のB-25のうち1機を撃墜したと報じている。「空軍抗日戦史」では、米支混成空軍、第3戦闘航空群の張省三が率いるP-40N型8機は、14時30分に安康飛行場を離陸、洛陽を偵察し、周辺の日本軍車両を機銃掃射、

車両6台を炎上させ、高度1800メートルにゼロ6機を発見したため、上昇し戦いを挑んだが日本戦闘機は逃走したと記録。もちろん中国側に損害はなかったと記している。

24日、洛陽総攻撃では第2飛行団が全力をあげて地上作戦協力を実施した。爆撃によって破壊された城壁が突撃路となって攻撃を促進した。翌、25日、壮烈な白兵戦の後、洛陽は陥落。午後遅く、洛陽の中国軍守備隊への通信筒投下の任務を帯びた中国空軍第4大隊のP-40N型2機が飛来。1機を奇襲撃墜し迅速に退避した。攻撃された日本戦闘機は25戦隊の一式戦か、9戦隊の二単だが両戦隊とも、この日の空戦に関する記録は見あたらない。損害もなかったものと思われる。

洛陽の陥落によって北京、漢口間の鉄道路線を開通するために、南部京漢線沿線地域、許昌から信陽に至る400キロにいた中国軍を掃討しようと4月17日から発起された「京漢作戦」は事実上終了した。南部京漢線沿線地域、つまり河南省は昭和17年に大干魃に変わらぬ記録的な凶作となったところが、重慶政府は例年と変わらぬ量の穀物を現物税として徴収。その結果この地域は18年の秋、蝗の大群に襲われふたたび大凶作となった。たてつづいた自然災害と、重慶政府による無慈悲な徴税によって引き起こされた飢饉でおよそ3百万人が餓死したと言われる。当時、河南省全体の人々が死に絶えるかと思われたこの災害に

救援の手をさしのべたのは、なんと日本軍であった。軍の貯蔵食糧を放出し、河南省の人々を絶滅から救ったのである。その結果、地元の中国人の多くが日本軍の作戦に協力し、19年春、「京漢作戦」が開始されると数多くの村々で武装蜂起が起こり、敗走中の中国軍部隊が民衆に武装解除されるような事態も起こり、日本軍の進撃を容易にしたのである。

5月26日付けの朝日新聞も、陥落した洛陽市内では即時治安が回復、中国の敗残兵が民衆に武装解除されていたと報道している。

6月2日、10時頃「敵が鄭州に来襲」との無線が入り、新郷飛行場では9戦隊の二式単戦が緊急出動を開始していた。中心に3機が編隊を組み、高度2千メートルで京漢線を南下して行った。突然、P-40が8機、鍾馗編隊の下方に入って来た。その時P-40は水平飛行のまま爆弾を投下したらしく地上に大きな爆煙が上がった。念のため上空の索敵を行うと千メートルほど上に8機のP-40が見え、さらにその上から二式単戦4機、吉岡少尉等の編隊が接近しつつあった。中国空軍第3大隊、第8中隊のP-40N型5機と、第7中隊のP-40N型6機は、100ポンド、及び50ポンド爆弾各2発を搭載して安康を離陸、鄭州の日本軍の輸送基地を攻撃。高度1200メートルで飛行中、日本軍戦闘機と遭遇した。

吉岡由太郎中尉、6月2日の初空戦でP-40の撃墜2機を報じた（当時は少尉）。12月27日の邀撃戦で役山戦隊長以下、戦隊の飛行将校多数が失われた際には、戦隊の先任将校として一時戦隊の指揮をとった。

エンジン交換中の第51戦闘航空群、第16戦闘飛行隊のデクター・ボムガートナー大尉のP-40N型 (Tom Glasgow via Carl Molesworth)。

昭和19年5月22日、許昌へと進撃する戦車第3師団の九七式（新砲塔）中戦車。

許昌へと向かう九七式中戦車と、車両部隊。空襲を警戒してどの車両も偽装されている。5月22日の撮影)。

小林大尉機に続いて降下突進に入った古川留市軍曹は射程2百メートルに迫った時、後方から射撃されたが、ここで逃したら後がないと考え、回避せずそのまま距離を詰め射撃、150から撃ちはじめ40、50メートルに迫るまで撃ちつづけた。古川軍曹が機体を引き起こすと撃たれたP-40から黒煙が噴出、小林大尉に撃たれたP-40は発火しているのが見えた。さらに吉岡由太郎少尉がP-40撃墜2機を報じた。

「空軍抗日戦史」によれば空戦は20分にわたって続き、中国空軍の第8中隊は、二式単戦2機、一式戦1機の撃墜と、一式戦1機の不確実を、第7中隊も、二式単戦撃墜3機、撃破1機を報じている。だが第7中隊の飛行小隊長の張楽民が、空戦後の帰途、商南に墜落あるいは不時着を余儀なくされ戦死した。古川軍曹は覇王城付近に高さ6百メートルに達する黒煙が5本見えたと回想している。しかしこれは中国側が対地攻撃の戦果として報じているトラック8台、列車、駐機場で炎上させたという爆撃機1機などからの発煙ではないかと思われる。9戦隊の二式単戦、小林大尉以下7機は鄭州でP-40、P-51約20機と交戦。P-40、4機撃墜、1機不確実を報じているが、少飛7期の小栗文雄軍曹が未帰還となり、後に覇王城で戦死と認定された。

8日、中国空軍第4大隊のP-40N型2機が、観音堂付近でゼロ6機を撃墜したという記録があるが、交戦した日本戦闘機隊は不明。損害も不明だが、この日、戦死した操縦者はいない。

9日、9戦隊の二式単戦7機は8時55分から9時10分、鄭州でP-40、P-51約20機と交戦。P-40撃墜確実4機、不確実1機を報じている。交戦したと思われる在支米軍の第76戦闘飛行隊は一式戦撃墜確実3機を報じている。両軍ともに損害はなかった。

11日、揚子江流域への対地攻撃作戦に出撃した第449戦闘飛行隊のマホン、バレル、マスターソン、リアの各中尉は目標、安慶の手前で5機の二式単戦に奇襲されたため落下タンクと爆弾の投棄を余儀なくされ、11時40分から11時55分、15分間にわたって空戦を交えた。スカッディ大尉と、バレル中尉機は執拗に食い下がる2機の二式単戦を、なんとか振り切って帰還することができた。マホン中尉は別の二式単戦の後方180メートルから2秒間の連射を見舞い、黒煙を吐かせたが、同機は降下逃走、地上すれすれで姿勢を立て直し東方に姿を消した。残りのP-38は2機の二式単戦に攻撃を集中。空戦は高度数千メートルから地表近くにまで及び、ナン中尉が放った5秒間の連射を受けた1機は地上に墜落。1機のP-38の後方に占位した別の二式単戦は右旋回をした拍子にフランク中尉の照準に飛び込んでしまい5秒ないし10秒の連射を浴びて激しく発煙、墜落が認められた。

米軍の記録は9戦隊安慶派遣隊の二式単戦5機、岩田大尉率いる第1中隊が、11時42分、安慶上空でP-38十数機、B

25、3機と交戦したという記録とぴたりと一致する。岩田隊はP-38撃墜1機、不確実1機を報じたものの、二式単戦自爆、未帰還各1機（53期・岩田道雄大尉、少飛8期・上堂園一保軍曹戦死）の損害を被ったのである。第449戦闘飛行隊に損害はなかった模様だ。

13日、西安飛行場を離陸した中国空軍第4大隊のP-40N型8機は、南鄭を離陸した同第1大隊のB-25、4機を掩護して洛陽付近の日本軍地上部隊を攻撃したが、洛陽の西北付近で数機のゼロと交戦、撃退した。中国空軍は撃墜を報じてはいないが、この日、洛陽で9戦隊の少飛8期の宮先一夫軍曹が戦死している。この空戦で落とされた可能性が高い。

6月半ば「京漢作戦」の進展にともなって、9戦隊の主力は新郷飛行場に一部を残し、黄河に架かる覇王城鉄橋の近く、洛陽の南方10キロ付近に新設された簡易飛行場、白馬寺飛行場に前進した。このため、前線への飛行時間が短くなり、哨戒は楽になった。

18日、9戦隊の安慶派遣隊、第1中隊の二式単戦4機、戦隊の一式戦11機は、13時に安慶上空でP-38十数機、B-25、3機と交戦。P-38撃墜4機、不確実1機、撃破2機を報じ、損害はなかった。安慶を襲った第449戦闘飛行隊は撃墜確実1機、不確実1機、撃破1機を報じたがP-38を2機失っている。9戦隊、25戦隊、どちらの戦果かはわからないが、25戦隊の戦記を読むとこの日も二式単戦は主に上空掩護を行い、積極的に戦ったのは25戦隊の一式戦であったらしい。20日の時点における9戦隊の出動可能機は一式戦1機、二式単戦14機であった。

25日、この頃、戦隊は白馬寺飛行場からふたたび鄭州へ戻っていた。中国空軍機の攻撃目標が、最前線地区から日本軍が修復利用している鉄道に移ったためである。この日、鄭州飛行場を離陸した9戦隊の7機は、15時20分、鄭州、覇王城でB-25とP-40と交戦。飛行場から地上勤務者が見守る中、P-40撃墜3機、B-25の不確実撃墜1機を報じたが、二式単戦3機（少飛6期・工藤義徳軍曹、少飛8期・伊藤正軍曹、少飛11期・柳沢久喜伍長）が未帰還となった。交戦相手の米支第8戦闘飛行隊は、15時、黄河南方の橋梁（覇王城）で二式単戦撃墜2機、撃破1機を報じている。また米支第7戦闘飛行隊は、15時10分、黄河南方の橋梁で一式戦撃墜2機を報じている。さらに米支第32戦闘飛行隊は、15時40分、黄河南方の橋梁で一式戦撃墜1機、不確実1機を報じている。米支空軍側の損害は不明である。

7月1日現在の9戦隊出撃可能機は一式戦1機、二式単戦8機まで減っていたが、約2週間後の13日の出動可能機も一式戦1機、二式単戦8機で、その間は戦闘はおろか出動自体あまりなかったようだ。この頃、戦隊は鄭州から、新郷に帰還。高梨戦隊長と下深迫大尉が転任となり、後任戦隊長として役山大尉がやってきた。

18日、9戦隊の4機は、14時14分、覇王城でP-40、P-51、8機と交戦、撃墜1機、不確実2機を報じた。米支第3戦闘航空群のP-40、13機は、邯鄲の燃料集積所を攻撃するため出撃。爆撃後、約10機の一式戦と二式単戦に襲撃された。米支第27戦闘飛行隊は、13時40分から14時50分、黄河の16キロ北方で二式単戦不確実1機、撃破4機を報じている。別の二式単戦1機、高橋勇三軍曹機は、新郷飛行場上空でP-51、2機（米支第32戦闘飛行隊のターナー少佐、ユー・ウェイ中尉？）と交戦して自爆した。米支第32戦闘飛行隊のウィリアム・ターナー少佐も、14時20分に、新郷飛行場の南側で二式単戦の撃墜1機を報じている。さらに米支第8、第32戦闘飛行隊も新郷で二式単戦、一式戦各1機の不確実を報じている。第28戦闘飛行隊は覇王城でP-40N型1機を失い、リウ・MY中尉が行方不明となった。

29日、黄河に架かる覇王城の上空を哨戒していた小林大尉以下6機は、11時20分、単機で出現したB-29に対して前方から接敵。直上攻撃を行い胴体燃料タンクに命中弾を見舞った。B-29はその後、約1分で発火、墜落した。これは成都を離陸し、満州、鞍山の昭和製鉄所を襲うB-29であった。どうして単機で飛んでいたのかは不明。先行偵察機だったのか、編隊からはぐれたのか。直上攻撃で撃墜したのは7月に赴任したばかりの役山戦隊長だったとの説もある。「第五航空軍発電綴」には、覇王城の上空で9戦隊の二式単戦5機が11時、B-29、1機、B-25、5機、P-40、12機と交戦。B-29を1機撃墜したとある。これはB-29が11時14分、開封に飛来した米支混成空軍のB-25、5機と掩護のP-40、15機のことであろう。この日、出撃した第468爆撃航空群、第794爆撃飛行隊では、B-29が1機（42-6274）が中国の日本軍占領地内で撃墜されている（MACR6946）。

鞍山上空で邀撃した現地の集成戦闘隊の二単9機は上昇に手間取り、B-29に対し各機一撃しか加えられなかった。13ミリ機関砲弾1500発を射耗したというが、具体的な戦果はまったくなかった。52門の八八式7センチ高射砲の射撃によって2機が薄い白煙を噴出したというのが、唯一の戦果であった。以上、満州上空での防空戦闘がいっこうに振るわなかったことから、撃墜されたという1機は9戦隊による戦果である可能性が高い。

当時、成都付近ではB-29をはじめとする米陸軍航空部隊用の飛行場の造成がさかんだった。このため周辺の地価は高騰していた。B-29の作戦部隊、第20爆撃航空団用に新津郊外にも大飛行場が新たに建設されたが、重慶政府は「愛国」の名のもとに地主から安値で土地を買っていた。しかも、飛行場完成後、数ヶ月を経ても土地代金は支払われなかった。一方、駐留米兵はかねてから地元婦女子に対する暴行事件などを起こしており、耕作地を奪われた上、飛行場

建設の苦力として酷使されていた地元の農民は、土地代金未払いに腹を立てた地主に煽動され三回にわたって暴徒と化して米陸軍航空隊の兵舎を襲撃、数十名の死傷者を出した。これに驚いた四川省主席は軍隊を出して農民を威嚇すると同時に、米軍と結託して土地代金を横領した中国人官吏3名を処分することによってようやく暴動を鎮静化させたという。

当時、90戦隊の双軽は防御火器を撤去、乗員を減らして増加燃料タンクを搭載、B-29を地上で叩くため、夜間、遙か成都への危険な夜間空襲を繰り返していた。この決死の夜間爆撃はどの程度効果的だったのか、米国に当時の地上での損害を問い合わせたが、何度か空襲はあったらしいが損害はほとんどなかったようだ。双軽の爆撃より、腐敗官吏の汚職による被害の方が大きかったかもしれない。

この日9戦隊は燃弾を補給、B-29の帰路を襲うため、ふたたび離陸した。15時30分、3機のB-29の8機編隊を追撃。前側下方から攻撃し、右エンジンを射撃した。撃たれたB-29は右エンジン2基から黒煙を発しつつ高度を失っていったが、撃墜は確認できなかった。

「京漢作戦」の終了によって、戦隊が黄河流域の河南省から、揚子江が流れた漢口に移動した7月下旬の時点で、9戦隊には技量甲の将校が5名、乙が1名、飛行将校は6名だけで定員の17名を大きく割っていた。一方、准士官および下士官は定員の40名に対して、48名が配備されており、その内訳

は技量甲が19名、乙が6名、そして丙が23名。河南では大小二十数回の空戦が起こり、この間、戦隊は9名もの戦死者を出していた。同時期に戦隊が間違いなく撃墜している戦果はP-40が3機、戦隊が加わった空戦で、撃墜した可能性があるP-38が1機、B-29が1機のみであった。

8月になると戦隊（の一部？）は再び安慶に移動、8月1日の出動可能機は二式単戦、わずか9機であったが、補充を受けたのか、整備中だった機体が仕上がったのか10日は16機に増加している。

昭和19年8月、その後の25戦隊

昭和19年7月、中国大陸の古参、一式戦装備の25戦隊では編成以来の戦隊長、坂川敏雄少佐が離任、同時に戦隊は第5航空軍から部隊感状を授与された。「一号作戦」は衡陽攻略戦につづいて、桂林へと目標を転じ、地上戦、航空戦ともいささかも衰える気配はなかった。戦隊は新戦隊長、別府競少佐を迎え、連日、揚子江とその支流、湘江に沿って進撃をつづける地上部隊や、後方補給線の上空掩護をつづけていた。

7月末の時点で25戦隊の飛行将校は技量甲が10名、乙が2名。下士官は甲が18名、乙が6名という状況であった。一方、8月1日の時点での出動可能機は一式戦16機。従って、8月に出動する25戦隊の一式戦に乗っていた操縦者は全員が

昭和19年、水田に胴体着陸した米支混成空軍、第1爆撃航空群、第3爆撃飛行隊のB-25H型。機首に75ミリ砲を搭載したH型は対地攻撃、特に艦船攻撃に猛威を発揮した(Carl Molesworth collection)

昭和20年初期、雲南駅飛行場に緊急着陸するB-29(Bud Biteman via Carl Molesworth)

技量甲であった、ということになる。そして、この月、彼らはそれに恥じぬ戦いぶりを記録することになるのである。

8月4日、歴戦の本橋啓作大尉が率いる25戦隊の一式戦3機は、8時5分、漣水河口で2機のP-51と交戦。P-51撃破1機を報じたが、一式戦1機が撃墜され本橋大尉が戦死してしまった。交戦したのは、ほぼ同時刻に同じ地域で一式戦の撃墜1機を報じている米支第26戦闘飛行隊、ルーズ大佐が率いるP-40N型4機と思われる。「最初の爆弾は命中せず、降下から機体を引き起こすと、一群のゼロが大佐を狙って降下しているのが見えた。わたしは、ゼロ！ゼロ！ゼロ！降下しろ！と叫んだ。爆弾がどこに落ちたかなんて見ている場合じゃなかった。急降下で逃げる大佐を8機のゼロが追っていた。私は機首を上げ大佐とに敵機の間に割り込み（機首上げで減速して）失速するまで撃ちまくった。その時、轟音とともに機体が揺れた。やられた！？ 落下傘降下を考えたが、そこは日本軍の飛行場の真上だった。まだエンジンは回っていたので地上すれすれまで降下、追ってくるゼロから逃げ切り、大佐と共に友軍の占領地域まで飛んでから胴体着陸。3日をかけて基地に帰った」、以上のように撃墜1機を報じたウィリアム・キング中尉のP-40も被弾して胴体着陸の機数を強いられたのである。

日米、互いに報告している時刻と場所はほぼ一致しているが、他の戦隊の一式戦もこの空戦に加わっていたのだろうか。

翌5日、25戦隊16機は、10時41分に新市の北方でP-40十数機と交戦。P-40撃墜2機、撃破3機を報じたものの、一式戦1機が未帰還となり大畑弘曹長が戦死した他、一式戦1機、操縦者軽傷の損害をこうむった。彼らが遭遇したのは、湘潭から新市に至る道路を爆撃、機銃掃射した後、帰途についていた第75戦闘飛行隊のP-40、9機であった。米軍側は一式戦の撃墜確実2機、不確実2機、撃破1機を報じている。どうやらP-40に損害はなかったようである。

6日、午前5時30分、第68師団の独立歩兵第64大隊の尖兵小隊は衡陽の小西門まで2百メートルまで前進していた。午前8時、10機ほどの襲撃機、または軍偵を掩護する戦闘機、数機が飛来した。戦闘機は48戦隊の一式戦9機である。日本軍戦闘機が出現すると、衡陽南方で地上部隊を掃射していた米軍戦闘機は姿を消した。

尖兵の原田小隊は友軍機に前線の位置を知らせるため日章旗を地面に広げた。6戦隊の襲撃機、あるいは44戦隊の軍偵は翼を振って、目標を確認したことを合図すると1機、また1機と超低空で中国軍陣地を爆撃した。濛々と上がる爆煙で8月の太陽が翳るほどであった。爆撃が終わると、襲撃機は中国軍陣地の上を旋回しながら、何度も機銃掃射を行い、やがて北東の空へと消えていった。独立歩兵第64大隊は中国軍陣地に突撃、原田小隊は遂に衡陽への一番乗りを果たした。

8月4日に戦死した第3中隊長の本橋啓作大尉機。

雲南駅飛行場で整備中の第51戦闘航空群、第25戦闘飛行隊のP-51B型。昭和20年の撮影(James Robbins via Carl Molesworth)

のである。しかし、第74または、第76戦闘飛行隊のP-40を追っていった48戦隊の一式戦は空戦で1機を失った。

翌7日、第58師団主力が衡陽城内に突入、激しい市街戦が展開された。6戦隊の襲撃機と、44戦隊の軍偵が朝晩2回ずつ出撃し、地上戦闘を支援。これを狙う米軍戦闘機が飛来したが48戦隊の一式戦が迎え撃ち、撃墜戦果こそ挙げられなかったものの、軍偵、襲撃機、そして戦闘機自体にも1機の犠牲も出さずに撃退している。この日は25戦隊の11機も、48戦隊の8機ともに衡陽付近でP-40、14機と交戦。撃墜確実1機、撃破1機を報じている。しかし、この日の交戦相手は不明。従って本当に落としたかどうかはわからない。

8日、衡陽陥落の日、衡陽上空では48戦隊の一式戦が次々と新手を繰り出す米中戦闘機隊と苦戦を演じ、3機もの未帰還機を出していた。一方、25戦隊11機は、16時58分に後方の新市でP-40、10機と交戦。P-40撃墜3機を報じるが、ここでも一式戦1機が未帰還となった。戦死者のリストに名前がないので操縦者は後に生還したのかも知れない。

一方、彼らと戦った米中第3戦闘航空群は3個の戦闘飛行隊が新市に近い、漢口、新堤付近で8分間にわたってゼロ15、6機と空戦を展開。全部で一式戦の撃墜確実9機、撃破5機を報じているが、谷博駕操縦のP-40が被弾により恩施の飛行場外に不時着した。

12日、25戦隊の11機は、9時45分にP-40十数機と交戦。

P-40撃墜1機を報じるが、一式戦1機が不時着。しかし操縦者は無事だった。戦隊が戦ったのは米支第7、第28戦闘飛行隊のP-40、12機で、嘉魚で一式戦約20機（中国側判断）と18分間に渡って空戦し、撃墜3機、撃破4機を報告している。一式戦は数、高度共に中国側より挑戦してきたのは以前より優勢であったが降下してきたため、各個撃破できた。日本軍の士気は以前より落ちているように思われると報告されている。そして撃墜されたP-40はなかった。

19日、この日、湘潭から長沙への掃討任務に飛んだ第75戦闘飛行隊は岳州の南東で一式戦8機、九九艦爆（零戦）を発見した。交戦の結果、彼らは一式戦撃墜2機、九九艦爆（軍偵か、襲撃機との誤認）撃墜1機を報じているが、戦闘後、ウィリアム・スミス少尉機が行方不明となった。一方、25戦隊の一式戦16機は、ほぼ同時刻の7時33分、岳州でP-40、7機と交戦。損害なしで、2機撃墜、1機撃破を報じている。スミス少尉のP-40N型は25戦隊機に撃墜された可能性が高い。

20日14時、25戦隊の13機は白螺磯で6機のP-51と交戦。撃墜確実1機、撃破1機の戦果を報じている。損害は操縦者の軽傷1名。交戦したのは、この時間に、この地域で、二単撃墜1機を報じている第76戦闘飛行隊のウィリアム・マクレノン中尉と、同じく二単撃墜1機を報じている第26戦闘飛行隊のアルバート・クライズ中尉等のP-51と思われる。第26

戦闘飛行隊はP-51B型1機を失い。フィリップス中尉が行方不明となった。

22日、雨雲が地上300メートルの高さで空を閉ざしていた。朝の出動から帰り、給油中だった25戦隊の13機は「P-40、8機来襲」との警報に接して緊急離陸。隼は雲の下をこするようにして飛び、嘉魚付近で船舶攻撃中のP-40を発見した。すでに一艘の船は炎上、もう一艘からは煙が立ち昇っていた。彼らが見つけたのは、嘉魚でゼロ12機と空戦したという米支第3戦闘航空群、毛昭品が率いるP-40N型8機であった。P-40の高度は150メートル。降下攻撃をかけるには低すぎた。上空から突っ込んだら引き起こしが間に合わないかもしれない。そこで一式戦は同高度まで降りた。江見中尉が水平から一撃を見舞うと1機が白煙を噴出しつつ横転、水中に落ちた。隼もP-40も層雲と水面の狭い空の中で、プロペラ後流で水煙が上がるほどの超低空に降り、層雲に入っては、いきなり飛び出してくる敵機に面食らいながらの死闘15分、江見中尉はさらにP-40の撃破1機を報じ、戦隊は全機が無事に帰還した。米支第7戦闘飛行隊のP-40も、一式戦不確実1機、撃破1機を報じているが、P-40N型が1機行方不明になったと記録されている。

27日、25戦隊の13機は、15時25分に易家湾の北方でP-40、P-51、6、7機と交戦。撃墜3機を報じた。第五航空軍発電綴によれば、この戦果は地上部隊が確認したとされて

いる。この日、米支第5戦闘航空群のP-40、13機はそれぞれ140ポンド落下傘爆弾6発を搭載して出撃。湘潭、長沙間の道路で日本軍車両、火砲牽引車や給油車を含む約100両を発見。高度150メートルで爆撃と機銃掃射を実施、約30両を炎上させた他、湘潭飛行場を攻撃し、地上にいたゼロ2機を破壊したが、その帰途、日本戦闘機多数に追撃され激しい空戦となった。米支第5戦闘飛行隊のジョン・A・ダニング中佐も、湘潭で一式戦の撃墜1機を報じ、米支第27戦闘飛行隊のジェームズ・A・ダール少佐も、湘潭の北方1.6キロで一式戦撃破1機を報じたが、周訓典のP-40が行方不明となった。25戦隊に損害はない。

29日、22戦隊13機、25戦隊16機は、12時55分から13時30分、岳州、済寧、監利の空域でB-24、24機、P-40とP-51、20機以上と交戦。両戦隊はP-40撃墜3機、撃破4機、P-51撃墜1機、撃破1機、B-24撃墜4機などの戦果を報じたが、25戦隊、高平三郎伍長の一式戦、22戦隊、西田藤己一伍長の四式戦、各1機が未帰還となり、四式戦1機が大破させられた。未帰還となった伍長は2名とも少飛12期の若く経験の乏しい操縦者だった。彼らと交戦したのは第23、第51戦闘航空群（P-40、34機、P-51、10機）とともにB-24を掩護して岳州に向かった米支第5戦闘航空群のP-24と思われる。彼らは岳州に向かった米支第5戦闘航空群のP-24に遭遇、掩護戦闘機をB-24から引き離そうとしている一式戦と二式単戦（四式戦と

昭和18年4月以来、第1中隊長を務め、19年の3月以来は飛行隊長をも兼務しつつ、数々の激戦を生き抜いてきた土屋高大尉だが、9月3日、飛行機の故障によって中国側の占領地に不時着、自決したものと推定されている。

9月に戦死した土屋大尉に代わって25戦隊の第1中隊長となった草野博大尉(左から二人目)。

の誤認）と交戦、全部で撃墜6機を報じたが、P-40N型1機、周亮中尉機が失われ、彼は行方不明となった。

その日の夕刻、25戦隊は再び戦場に飛んだ。戦隊の11機は、17時20分、嘉魚の西方20キロでP-40、8機と交戦し、撃墜2機（1名は落下傘降下）、撃破1機を報じた。損害は軽傷1名であった。交戦したのは、一式戦撃墜7機、不確実1機、撃破5機を報じている米支第7、第8、第28、第32戦闘飛行隊と思われる。この空戦では米支第28戦闘飛行隊の指揮官、孟昭儀のP-40N型が撃墜され彼が戦死した他、操縦者2名が負傷。趙元琨のP-40N型は被弾60発を受けながらも基地に帰ることができたと記録されている。

8月の空戦で25戦隊は一式戦3機と、操縦者2名を失ったものの、少なくとも7機のP-40と1機のP-51を確実に撃墜（4名戦死または行方不明）した。8月末の時点での戦隊の飛行将校は技量甲が9名。下士官は甲が10名、乙が6名。9月1日の出動可能機は変わらず一式戦16機であった。25戦隊は、もちろんこの後も戦いつづけるが、8月以降の空戦では間違いなく25戦隊機が落としたと断言できるような戦果が見つからなかった。なにより戦隊の行動自体がよくわからない。9月3日には本橋大尉に並ぶ歴戦の中隊長であった土屋高大尉が機体の故障によって岳州南方30キロ地点に不時着して自決。9月17日には新戦隊長、別府少佐も故障によって中国側の支配地域に不時着して自決すると言う不運がつづいた。

21日、新市で一式戦12機を以て、30数機のP-40と交戦した空戦では、P-40撃墜1機を報じたものの、一式戦2機が撃墜されて2名が戦死した他、2機が不時着大破して1名が重傷を負った。この日、戦隊は対地攻撃中の第75戦闘飛行隊のP-40を発見、攻撃機にかかられ大損害を受けたのである上空掩護の米支第5戦闘航空群のP-40に被られ大損害を受けたのである。この日、第75戦隊飛行隊の属する第23戦闘航空群のP-40N型2機が失われているが、喪失原因は不明。この空戦で撃墜された可能性もないことはないが、低い。

10月1日には、出動可能機、一式戦8機まで戦力が落ちた。その後、若干の補充者を得て、11月には第2中隊に四式戦が、その他の中隊には一式戦三型が補給され、11月13日付けの出動可能機は一式戦9機、四式戦3機であった。確かな証拠はないが、11月11日の衡陽上空の空戦では25戦隊の一式戦と四式戦が、一方的にP-51を撃墜したと思われる空戦があった（第75戦闘飛行隊がP-51を4機喪失した）が、この空戦には他の戦隊も参加しており、詳しいことはよくわからない。

「B-29殺し戦隊」黄河上空の二式単戦

再び、揚子江付近から、黄河流域で戦う9戦隊に目を向け

よう。8月11日、西安飛行場を離陸、華陰付近を哨戒していた中国空軍第3大隊のP‐40N型4機は、B‐29が爆撃を開始した二式単戦を発見していた華陰飛行場への対地攻撃を開始した二式単戦を発見した。P‐40は2機が低空の日本戦闘機に向かい、2機は高空掩護位置に留まった。P‐40の2号機がまず二式単戦を捕捉すると日本の僚機が救援に駆けつけた、これをP‐40の1号機が撃墜。さらに上空にいた3号機が降下してもう1機を撃墜した。この日、9戦隊では少飛6期の杜富夫軍曹が戦死している。

13日、9戦隊、山路正吉軍曹が湖北省で戦死しているが、この日は米陸軍も中国空軍も空戦での戦果を報じていないので、山路軍曹は事故で殉職したのではないかと思われる。

16日、第74戦闘飛行隊のアダムス大尉が安慶の東方16キロ付近で、二式単戦撃破1機を、18日には第311戦闘航空群のP‐51がチェファン（漢字表記不明）で二式単戦の撃墜確実2機、不確実1機を、また20日には第76戦闘航空群の26戦闘飛行隊の操縦者が漢口の南方で二式単戦の撃墜確実1機を報じている。以上は9戦隊機との交戦の可能性があるが、いずれの日も9戦隊に戦死者はなかった。

24日、9戦隊6機は、13時18分、中牟（開封の西方30キロ）でB‐25、3機、P‐40、8機と交戦。P‐40撃墜1機、撃破2機を報じた。米支第1爆撃航空群のB‐25、3機を掩護する第3戦闘航空群のP‐40、10機が西安飛行場を離

陸、13時5分、開封の西北にあった黄河の鉄橋を攻撃した。B‐25が爆撃を終え帰還した時、上空掩護の3機が二式単戦6機と遭遇、米支第8戦闘飛行隊のエース、蔵錫蘭（チャン・シーラン）大尉のP‐40がハーベイ・デイビス少佐が二式単戦撃破1機を報じている。しかし蔵錫蘭大尉のP‐40はこの空戦で被弾、華縣赤水に不時着、彼は負傷した。9戦隊の戦果に間違いない。戦隊に損害はなかった。

25日、西安飛行場を離陸した中国空軍第3大隊のP‐40N型5機は、鄭州、洛陽付近を威力偵察中、鄭州上空で日本戦闘機8機に遭遇した。4機は高度6千メートル、4機は4500メートルにいた。ただちに空戦となり、中国側は損害なしで、撃墜確実2機を報じている。交戦したのは新郷の9戦隊機に違いない。9戦隊ではこの日、下士90期の松原高志曹長が中支で戦死している。松原曹長は、この空戦で撃墜された可能性が高い。

この日、第3の二式単戦部隊が武昌に飛来した。「一号作戦」の航空支援のため、台湾で防空任務についていた飛行第29戦隊が一時的に増援されたのである。戦隊長、川田武雄少佐以下、二単20数機が武昌に飛来。戦隊の操縦者は戦隊長以下4名を除き、全員が軍偵からの転科者だった。29戦隊は9月初旬から、水路兵站線の上空掩護を行い、兵力の一部を二套口に派遣した。だが、その間、ほとんど空戦はなかった。

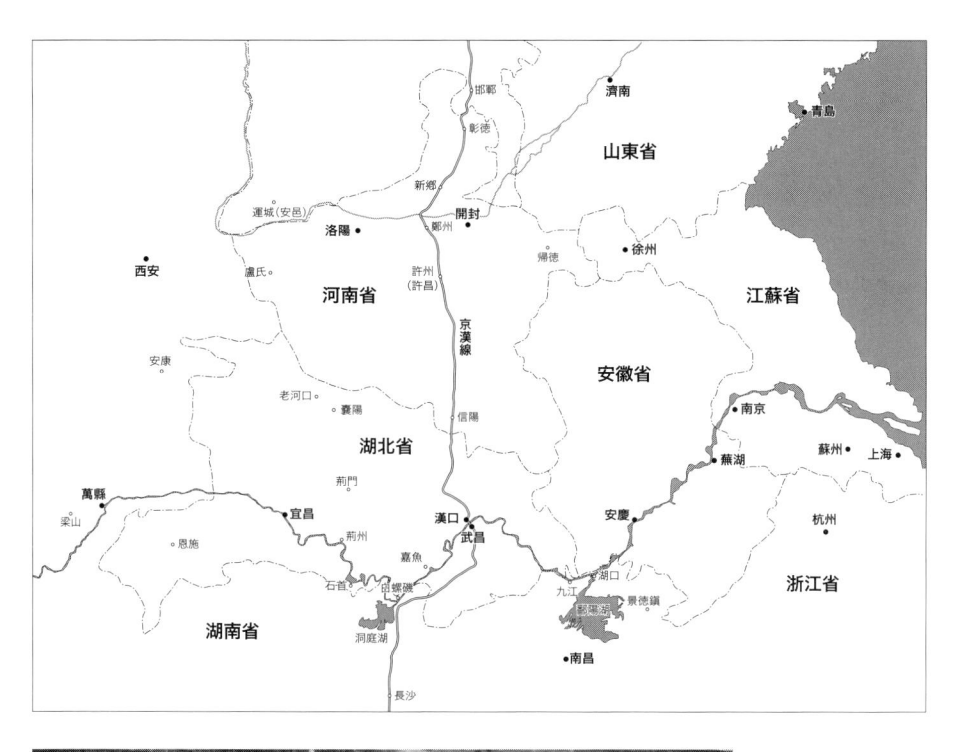

昭和19年夏、漢口。前列の中央が戦隊長の役山少佐、その右は第1中隊長の柚木英二大尉。

29日、第74戦闘飛行隊のゴードン・ベネット中尉はP－40、6機を率いて蕪湖のドックと船舶を爆撃し機銃掃射。攻撃中に3ないし、5機の一式戦二型に攻撃され、ベネット中尉のP－40N型はエンジンから発火、揚子江に落下傘降下。安慶派遣隊、または3月頃からは防空任務も任されるようになっていた現地の教育飛行隊の一式戦による戦果と思われる。

翌30日、中国空軍第4大隊のP－40、6機は漁波橋、洪羅廟で10時27分、高度3千メートルでゼロ12機と交戦。空戦5、6分で日本機撃墜1機、不確実1機を報じるが、P－40が1機、操縦の陳嘉斗とともに行方不明となった。この日、9戦隊、下士89期の植木重男軍曹が戦死しているので、交戦したのは同戦隊と思われる。中国側の記録によれば、日本機は洪羅廟の東に墜落したとされている。

9月1日、第74戦闘飛行隊のP－40N型5機は九江を爆撃中、少なくとも7機の一式戦と二式単戦と交戦。一式戦撃墜1機、不確実1機、撃破3機を報じたが、ミルクス中尉が撃墜され、南昌の北方12マイルに落下傘降下した。この空戦では、9戦隊、安慶派遣隊の二式単戦と、白螺磯飛行場にいた48戦隊機が参加したものと思われる。この日、48戦隊機は洪羅廟の東に墜落したものと思われる。この日の戦隊の出動可能機は二式単戦12機と報告されている。

2日、9戦隊の二式単戦2機は12時30分、安慶南西50キロで船団の上空掩護中、P－40、4機と交戦。自爆1機（町田敬曹長・下士90）、重傷1名（浅野准尉）の損害を被った。この日、11時15分に離陸、14時15分に帰還した第74戦闘飛行隊は、安慶付近で一式戦撃墜1機（ケネス・C・ラトゥール少尉）、撃破1機（チェスター・N・デニー中尉）を報じている。ハノーヴァー中尉が落下傘降下中の日本兵1名を射殺したとされている。犠牲になったのは、町田曹長に違いない。米軍の戦記を読むと落下傘降下中の操縦者を狙う日本機の記述がよく出てくる。どちらが先に始めたかとも言えばおそらく日本軍だろうが、米軍もやられっぱなしにはなっていなかった。浅野准尉は、北支で最初にP－40を撃墜した戦隊の手練れで、彼が戦列から脱落したことは部隊にとって大きな痛手であった。

8日、9戦隊の二式単戦9機と一式戦1機は、満州爆撃に向かうB－29を往路、開封で邀撃。まず撃破5機を報じ、さらに復路、彰徳付近でまた襲い、損害なしで、撃破2機、不確実1機、撃破7機を報じている。

この日、鞍山の昭和製鉄所を襲った88機（目標に投弾できたのは72機）のB－29のうち3機が失われている。第444爆撃航空群のB－29（42－6234）は帰途、中国で墜落したとされ、第462爆撃航空群のB－29（42－6360）は老河口飛行場に胴体着陸したが、9月11日に廃棄処分となった。

た。また第444爆撃航空群のB-29（42-6212）は燃料切れで西安の西、約5キロ地点に墜落している。鞍山上空でB-29を迎え撃ったのは70戦隊の二単約40機と、独飛25中隊の二式複戦と一式戦20機であった。しかし戦果は振るわず、4機を失い三名が戦死したにもかかわらず、戦果はB-29、1機に白煙を噴かせたのみであった。例によって満州での邀撃が振るわなかったため、失われた3機のうちのいずれか、あるいは全てが9戦隊の撃墜戦果だったのかも知れない。

21日、米支第7戦闘飛行隊が黄河の鉄橋を爆撃中に6、ないし10機の一式戦の奇襲でP-40N型1機（42-23445）が撃墜され落下傘降下したドン・バーチ大尉が捕虜になった。一式戦ではなく、二式単戦多数の攻撃を受けたとの資料もあり、いずれにせよ場所から言って、戦ったのは新郷にいた9戦隊主力と思われる。

23日現在、9戦隊の将校は技量甲が5名、乙1名、准士官と下士官は甲が5名、乙が5名、丙が20名であった。

26日、9戦隊は、またも鞍山を空襲するB-29を邀撃した。

「敵大型機20数機北進中」との情報に役山戦隊長は全機出動を命令。天候は悪く、連日の邀撃、哨戒で消耗し、離陸できる機体も少なかった。高度数千メートル、九江付近で薄雲の中を航進するB-29の編隊を捕捉、まず編隊長56期の岡田肇

造少尉が直上から一撃を加え、1機に黒煙を吐かし降下させた。つづいて少飛11期の鳥塚国治伍長が二撃をかけ新郷付近でさらに1機を撃墜した。戦隊は、さらに追撃、覇王城上空でも撃破1機を報告している。

燃弾を補給するため、いったん着陸した戦隊はB-29の復路を襲うため、ふたたび離陸。午後4時半頃、彰徳付近で3機編隊のB-29に一撃、黒煙を噴出させ、もう1機は機体の尾を曳きながら逃げ去った。岡田少尉は残る1機を前下方から対進で攻撃、右内側エンジンを停止させた。その直後、そのB-29は右翼から炎を噴出して空中分解した。戦隊の古参、川北准尉は後続する編隊に襲いかかり1機を撃墜。空戦中にエンジンが不調をきたした田口衛曹長は射撃しつつB-29に真っ正面から向かってきて、すれ違う瞬間、操縦桿を引いた。鍾馗は機首を上げ、水平尾翼がB-29の主翼にぶつかったのである。二式単戦は昇降舵が1枚消し飛んだが、B-29はよろめき墜落。衝突の衝撃がかえって良かったのか、田口曹長機はエンジンも快調に回り出し、そのまま基地に帰還できた。

こうして9戦隊は合計、撃墜確実4機、不確実2機、撃破8機という大々的な戦果を報じ、新聞でも詳しく報道され「B-29殺し戦隊」として有名になった。ところが、この日、鞍山を攻撃したB-29に墜落機はなく、残念ながら9戦隊の戦果報告はすべてが誤認であった。

10月7日、昼過ぎ、第74戦闘飛行隊のP-51、3機と、P-40、4機が二套口飛行場を襲撃した。藪田中尉率いる29戦隊の二式単戦5機は慌ただしく離陸、飛行場の上空で交戦。P-51の撃墜確実1機、P-40の撃破2機を報じたものの、二式単戦2機が撃墜され、少飛7期の橋本光男軍曹と、少飛8期の五味正雄軍曹が戦死した。落としたのは二套口で撃墜確実各1機を報じているワランス・クージンズ中尉と指揮官のチェスター・デニー中尉である。第74戦闘飛行隊の元隊員、ルーター・キサック氏が書いた戦記「ゲリラ・ワン」によれば、飛行隊に損害はなく、その上、彼らは五千枚ものビラを九江にばらまいていった。「日本のエテ公および張り子の虎ども、みんなただちに降伏するのが一番だ。今後どんな目に遭わされるのか、わかってないのか? 今さら改める機会だ。米陸軍航空隊、告知」。こうして中国における29戦隊の最初で最後の戦闘は終わった。10月15日、戦隊は第5航空軍の指揮下から離れ、台湾に復帰した。

26日、南鄭飛行場を離陸した米支混成空軍第1爆撃航空群のB-25、2機は西安飛行場上空で米空軍、第529戦闘飛行隊のP-51、12機と空中集合し、鄭州と新鄭間にあった黄河鉄橋を爆撃した。15時25分、高度150メートルでB-25が目標に向かった時、二式単戦6機が出現、掩護のP-51と空戦になった。P-51は1機が被弾し廬氏に不時着したが、第529戦闘飛行隊は二式単戦撃墜確実2機、撃破2機を報

じている。この空戦ではB-25を攻撃しようとした9戦隊のベテラン下士60期の川北明准尉と、少飛9期の松尾光人軍曹が戦死している。

11月に入ると、9戦隊が漢口に移動。ここで武漢地区の防空を担うと同時に、九州を爆撃し成都に帰るB-29を待ち伏せていた。11日、役山戦隊長以下4機は、衡陽に進出。ここで、第23戦闘航空群のP-51の波状攻撃を迎え撃ったはずだが、戦闘の詳細についてはよくわからない。もしかすると、ここで撃墜された第75戦闘飛行隊のP-51、4機のうち何機かは9戦隊の二単が落としたのかも知れない。だが10月1日の時点で13機であった可動機も11月13日にはわずか5機となり、14日にはふたたび漢口に後退した。

18日、第74戦闘飛行隊のデニー中尉率いるP-51が九江の船舶と飛行場に対する攻撃に来襲した。船舶に対する跳飛爆撃はすべて失敗したが、九江の対岸、二套口の飛行場の在地機を狙った攻撃はうまくいった。ここにいた第29教育飛行隊は一式戦を邀撃に上げたが1機を撃墜され、操縦者は落下傘降下で生還したものの、高練1機も不時着炎上、さらにP-51の対地攻撃で地上にあった一式戦5機と軍偵1機が炎上させられてしまった。漢口の電波警戒機からの情報で、漢口飛行場にいた9戦隊の岡田少尉率いる二式単戦3機がこのP-51を迎え撃つために飛来した。空襲は切迫しており、鍾馗は時速4百キロで航進をつづけた。連合軍機の機影は九

江の手前、百キロ地点で電波警戒機から消えた。高度を八百メートル以下まで落としたのだ。その後、岡田小隊は二套口飛行場からの無線を聞きながら進んだが、あと50キロというところで地上からの無線も途絶えた。二套口付近から大きな黒煙が上がっている。高度2千メートル付近を8機のP-51がゆっくり旋回、その下方では4機のP-51が繰り返し掃射していた。

岡田小隊はこの8機のP-51に突進、奇襲で命中弾を見舞った。二式単戦は高度の優位を保ち、下から突き上げてくるP-51の頭を押さえるような空戦がつづいたが、はっきりとした撃墜を認めることはできなかった。やがて、小隊の最後尾を飛んでいた田中軍曹機がロバート・ブラウン中尉のP-51の射撃を受けて九江市街西方の沼に墜落。岡田少尉と、古川軍曹の鍾馗はその後しばらく格闘を続けた後、二套口飛行場に着陸した。

9戦隊は5月11日からの半年余りで操縦者18名を失った。空戦での戦死が17名、おそらくは事故でもう1名が殉職している。一方、中国、米軍の損害記録と一致する戦果による撃墜戦果はP-40撃墜7機(戦死3名、捕虜2名)とP-51が1機、また9戦隊が撃墜した可能性のある戦果はB-29とP-51が2機、P-40とP-38が各1機のみ。同戦隊は米支混成空軍の戦闘機と交戦する機会が多かったのだが、その結果は明白な敗北であった。「日本陸軍戦闘機隊」によれば、11月末、戦

香港への連続空襲、マスタングとの決戦

隊は85戦隊と代わって香港、広東方面の防空を担当するため広東の天河飛行場へと移動した。

12月7日、9戦隊と第28教育飛行隊は、満州に向かうB-29を往路、開封から新郷にかけて邀撃。9戦隊は撃墜1機を、第28教育飛行隊は撃墜1機、撃破1機を報じている。

この日は満州上空での邀撃戦闘も熾烈を極め、70戦隊の二単をはじめ104戦隊の四式戦、独飛81中隊の武装司偵、独飛25中隊の二式複戦、満州軍航空隊の九七戦などが体当たり攻撃まで行って、戦闘機6機の犠牲と引き替えにB-29の撃墜14機を主張。実際、この爆撃では7機のB-29が失われており、うち4機は日本軍戦闘機によって撃墜されたとの記録されている。9戦隊の撃墜戦果の実否はともかく、この記録からすると、この日、9戦隊はまだ漢口付近にいたことになる。11月末という広東への移動はその頃に発令されたということで、実際に移動したのは12月初旬だったのだろうか。

8日、第118戦術偵察飛行隊のP-51が香港を爆撃した。空戦があったかどうか不明だが、米軍も日本側も撃墜戦果は一切報じていない。だが11月13日の時点で可動5機であった二式単戦は18日の空戦で1機減って一時的には4機になっていたはずで、整備を待っていた「乙」状態の二式単戦

が何機かはあったであろうが、この日はまだ思うような邀撃はできなかったのかもしれない。

11日早朝、4機のP-51が広東の天河飛行場を襲撃。下士官1名が戦死した他、地上で二単3機、司偵、重爆、MC輸送機各1機が炎上した。以上は日本側の記録だが、襲ってきたP-51の所属も、炎上させられた二単の所属もわからない。もし9戦隊の機体とすれば、戦隊はこの日でほとんど全滅してしまったことになる。来襲したP-51は前後の事情から第118戦術偵察飛行隊の所属機と思われる。

16日、戦隊の黒須清彦軍曹が中支で戦死した。この時期、9戦隊は南支である広東に移動しており、この日は米陸軍も中国空軍も撃墜戦果を報じていない。広東の戦隊に補充の二式単戦を空輸する途上での飛行事故による殉職ではないかと思われる。

19日、13時、第118戦術偵察飛行隊のP-51が香港に来襲。香港への空襲はしばらく途絶えていたが、年末まで爆弾を抱いたマスタングがほぼ連日やって来るようになった。

この日、第118戦術偵察飛行隊のエース、エドワード・マコーマス中佐は啓徳飛行場の南西の沿岸で一式戦をまた1機、さらに同飛行場の北西で一式戦をまた1機確実に撃墜したと報告している。交戦したとすれば9戦隊機だが、この日、9戦隊に戦死者は出ていない。

20日、第118戦術偵察飛行隊のP-51が、また香港にやって来た。13時17分、9戦隊の二単4機が飛行場や、船舶、停泊地を攻撃していたP-51、6機を九龍飛行場(啓徳飛行場?)上空で捕捉、撃墜確実2機、不確実1機を報じている。第118戦術偵察飛行隊も13時に啓徳飛行場付近で一式戦と海軍の零式観測機の撃墜確実各1機を報じ、全機が無事帰還。9戦隊にも損害はなかった。この日、離陸した二式単戦4機というのが、この時点での可動全機だったのかもしれない。

21日、第118戦術偵察飛行隊はまた香港に飛来した。エドワード・マコーマス中佐が啓徳飛行場付近で17時25分、一式戦と二式単戦、各1機を確実に撃墜したと報じている。だが同飛行隊のカールトン・コベイ中尉のP-51が広東の船舶を跳飛爆撃中に墜落戦死したとされている。ここで交戦したとすれば9戦隊機以外にはなく、コベイ中尉を撃墜したのは同戦隊であった可能性もある。この日、9戦隊に戦死者はなかったが、機体の損失の有無は不明である。

22日、7時、広東、白雲飛行場に超低空でP-51が4機侵入して来た。さらに6機が高度2千メートルに上空掩護を行っている。9戦隊は二単7機でこれを迎え撃ち、撃墜2機、不確実1機、撃破2機を報じたが、二単1機が撃墜され、2機が被弾して中破となった。墜落機の操縦者は落下傘降下して軽傷を負った。地上では二単1機、輸送機2機が炎上させられた。来襲したのは第74戦闘飛行隊のP-51で、

ポール・リーズ中尉が7時15分に啓徳飛行場の北西で二式の撃墜1機を報じている。第74戦闘飛行隊に損害はなかった。

そして午後、今度は第118戦術偵察飛行隊のP-51が白雲、天河、南村の各飛行場を襲った。9戦隊は二単9機で邀撃。P-51撃墜1機、撃破1機を報じたが、9戦隊は二単1機が自爆した。操縦者の氏名が戦死者名簿にないので、生還したのかもしれない。地上では軍偵1機、補給車1台が炎上させられた。第118戦術偵察飛行隊のラッセル・ウィリアムズ中尉は13時に白雲飛行場で一式戦の撃墜確実1機を報じている。同飛行隊に損害はなかった。

23日、8時半、第74戦闘飛行隊のP-51が天河飛行場に来襲。まずワード・テリー中尉が天河で九九艦爆の撃破1機を報じている。一方、同飛行隊指揮官のハーブスト少佐はその1時間半後、啓徳飛行場の北で一式戦1機、香港の港で零式観測機の撃墜1機を報じている。日本側の記録は見つからないが、9戦隊が邀撃に上がっているはずで、戦隊に戦死者はなかったが、機体の喪失はあったかもしれない。また、この空襲では第74戦隊飛行隊のP-51C型1機が天河飛行場の対空砲火で撃墜され、リチャード・フィッジラルド中尉が戦死している。

24日、12時25分、第118戦術偵察飛行隊がクリスマスイブも休まず香港にやって来た。9戦隊の二単が応戦。第

118戦術偵察飛行隊は、指揮官のマコーマス中佐が一式戦の撃墜確実1機、不確実1機を報じている。これがハーブスト少佐に次ぐ中国戦線でのエース、マコーマス中佐による14機目、最後の戦果報告であった。しかし9戦隊に損害はなく、戦隊は一方的にP-51を2機撃墜。ブライアン・ケスリー中尉は戦死し、落下傘降下したマックス・パーネル中尉は捕虜になった。

26日、この日もP-51は香港にやって来た。来襲した「マスタング」の所属や、9戦隊が邀撃に上がったのかどうか、空戦の状況等は不明だが、九龍埠頭にいた第1飛行場中隊が3機のP-51と交戦、高射機関砲で1機を撃墜したと報告している。本当に落ちているかどうかもよくわからない。

27日、11時20分、広東にP-51、16機（日本側判断）が来襲した。実際に来たのは広東周辺の飛行場攻撃を行う第74戦闘飛行隊のP-51C型13機であった。情報に拠に出動した9戦隊は役山戦隊長直率による二単10機で迎え撃ち、香港上空で30分にわたる空戦を繰り広げた。20分遅れて第118戦術偵察飛行隊のP-51も現れた。そこに内地から漢口経由で空輸されて来た小林功大尉以下の二単8機が到着したが、追尾してきた第118戦術偵察飛行隊のP-51に広東上空で奇襲された。（おそらく第118戦術偵察飛行隊の）P-51にとなり、役山戦隊長を含む7名が戦死。更に落下傘降下1名（負傷）、着陸時大破炎上1機（人員無事）という大損害を

こうむった。また白雲山の電波警戒機「よ」号の受信所が被害を受け使用不能となった。戦隊は撃破4機（後に戦果は撃墜8機に訂正された）、地上火器は撃破4機を報じたが、第74戦闘飛行隊が空戦で失ったのは2機のみで、ロバート・ブラウン大尉は戦死したが、スイム中尉機は天河飛行場の南東隅へ撃墜されたにもかかわらず、捕虜にもならず逃げおおせた。米軍は撃墜確実10機を報じている。実際の損害が9機だから、非常に正確な戦果報告であり、また中国戦線では珍しい大量撃墜なのだが、いつもの「過大な」戦果報告と比べると、それほど目立った戦果でもないので、米国の戦記ではまるで注目されていない。大損害をこうむった9戦隊の翌日の可動機はわずか7機となった。

19日から始まった香港上空での二式単戦とP-51との戦績は、9戦隊が二式単戦を少なくとも11機を失い、操縦者7名が戦死したのに対して、P-51は6機が失われ5名が戦死または捕虜になった。うち空戦で失われたP-51は4機ないし5機、人的な被害は戦死2ないし3名と捕虜1名であった。

12月後半の第5航空軍は軍全体で邀撃16回を実施、P-51の撃墜17機、P-40の撃墜1機、P-51の撃破17機を報じている。P-51の撃墜17機（不確実も含む）は全て9戦隊が報じた戦果である。一方、損害は自爆未帰還13機、地上炎上27機。つまり2機を除いて、空中での損害の大半は9戦隊がこうむったものであった。役山戦隊長の戦死後、戦隊は新戦隊長を迎えるまでの間、飛行隊長であった小林功大尉を中心にして戦力回復に努めていたが、間もなく、戦隊にはまた大きな試練が訪れようとしていた。

ヘルキャットと鍾馗、米海軍艦載機との戦い。

昭和20年1月15日、香港の電波警戒機が大編隊の接近を捉えた。天河飛行場の9戦隊は警戒機からの情報を聞きながら邀撃の機会を窺い、編隊が香港に達した時に離陸、高度4千メートルで来襲を待ち受けた。やって来たのは、米第38機動部隊から飛来した艦載機だった。先頭集団は高度約2千メートルで、16機を一群とした32機の編隊だった。十数機の二式単戦からなる9戦隊が直上に占位すると、米海軍機は息を呑むようなみごとさで戦闘隊形に展開した。飛行隊長であった歴戦の小林功大尉が撃墜されて戦死、B-29一体当たりで有名になった田口衛曹長が負傷して戦列を離れる結果となった。戦果に関しては古川軍曹自身が1機を落としたと確信しているが、乱戦の中、とても確認することはできなかったと回想している。

空母「ヨークタウン」から発艦した第3海軍戦闘機隊のF6Fは広東付近の空戦で二式単戦の撃墜1機、撃破1機を報じているが、同戦闘機隊のJ・G・スコード少尉のF6Fが撃墜された。9戦隊の報告とぴたりと一致するが、スコード

少尉機が鍾馗にやられたのか対空砲火に落とされたのか、その詳細はわからなかった。

またこの日は、第118戦術偵察飛行隊のP-51、16機が爆装して香港の港湾と広東の飛行場を空襲した。デイビッド・フック少佐のP-51が九龍半島で対空砲火を受けて撃墜され捕虜になった他、計4機のP-51がこの作戦で失われた。だがフック少佐機以外のP-51の墜落原因はわからない。戦史叢書「中国方面陸軍航空作戦」によれば、この日、香港には艦載機の攻撃に呼応してP-51も来襲、日本側は対空砲火と防空戦闘機隊で7機を撃墜したとしている。9戦隊が戦果を挙げている可能性もある。

翌16日も9時15分からグラマン約20機が広東地区に来襲した。

米海軍の記録によれば、香港上空で対空砲火などによってヘルキャット7機が未帰還になった。うち1機、「レキシントン」から発艦した第20海軍戦闘機隊の「ヘルキャット」はゼロに撃墜され海に墜落したが、操縦者のルネ・ウィラード・バーチ少尉は救助された。当時、香港にはもう海軍の戦闘機はいなかったはずだ。このゼロというのは9戦隊の鍾馗だったに違いない。

夕刻にふたたびやって来た第41と、第90海軍夜間戦闘隊のF6Fは広東で隼と鍾馗を1機ずつ落としたと報じている。特に「エンタープライズ」から発艦した第90海軍夜間戦闘機隊のボブ・ワッテンバーガー少尉は、ジェームス・

ウッド中尉機と協同で二式単戦1機を撃墜したと報告している。これが同日、広東で戦死した9戦隊の加藤義門准尉機であった可能性が高い。一方、第90海軍夜間戦闘機隊はこの作戦で、ワッテンバーガー少尉含むF6F夜戦を3機失った。この空戦に関する9戦隊の記録が何もないので想像の域を出ないが、ワッテンバーガー少尉等も9戦隊機との空戦で撃墜された可能性がないとは言えない。米海軍の記録によると、この日、香港地区で10機のF6Fが失われているが、個々の喪失原因まではわからなかった。間違いなく空戦で落とされたバーチ少尉機を除くほとんどは対空砲火か作戦上の事故によるものであろう。

香港、アモイ、海南島、台湾などを空襲した米機動部隊はこの二日間の空襲で戦果として空戦での撃墜合計20機、地上での破壊3機を報じたが、艦載機4機が空戦で撃墜され、26機が対空砲火で墜落、その他に作戦上の事故で6機、計36機が失われたと記録している。ちなみに16日、香港と同時に海南島をも襲った第38機動部隊の艦載機は日本機の撃墜8機を報じている。交戦した901空の零戦はF6F撃墜3機、艦爆撃墜2機を報じ、零戦2機が自爆、1機が未帰還となり、さらに1機が大破した。

ともあれ、この空襲で少なくとも2名を失った9戦隊に残された飛行将校は吉岡少尉、岡田少尉の2名だけになってしまい、指揮のとれる飛行将校がなく、壊滅状態になったとされ戦闘機隊のボブ・ワッテンバーガー少尉は、ジェームス・

れている。2機喪失で壊滅とはおおげさだが、操縦者が助かったのか、地上で破壊された3機というのも9戦隊機だったのだろうか。いずれにせよこの結果、9戦隊に代わって48戦隊の一式戦が漢口から広東に移動、香港地区の防空を引き受けることになった。

2月上旬、新戦隊長の平家輔少佐が四式戦に乗って赴任した時の可動機は6機であった。2月から3月にかけて戦隊は戦力回復のため、第一線から退き、北京近郊の通州、いで南苑飛行場に移動した。広東から北京へ、空中勤務者は途中、今や日本軍の手に落ちた衡陽で給油、漢口を経由して北京に飛ぶことができたが、地上勤務者の大半は空輸できなかった。彼らは広東から、船便のある衡陽まで徒歩で移動しなければならなくなった。その距離は5百キロ。そこで、以前、戦隊がいた新郷や、漢口に残留していた地上勤務者がまず北京に入り、飛来する機体を受け入れた。戦隊はそこで、四式戦への機種改変を行ったが、なかなか十分な数の四式戦が補給されず、結局、終戦まで主力は二式単戦のままであった。

5月中旬、ふたたび最前線である南京へ進出。米軍の上陸に備え、艦船攻撃の訓練を実施していた。5月20日の時点での9戦隊の保有機は二式単戦6機、四式戦6機、一式戦10機。南京近郊の泰縣に移った48戦隊には一式戦20機があった。

5月30日、正午頃、空襲警報に接し、9戦隊の15、6機が邀撃に上がった。平戦隊長は離陸後、急上昇、4千メートルまで上がった。上昇が急であったため戦隊長編隊4機と、岡田中尉率いる5機以外は上昇について来られなかった。やて、南京市街上空2千メートル付近で空戦がはじまった。48戦隊の一式戦が交戦しているのだ。P-51が17、8機はいるようだ。だが平少佐は戦闘に加入せずまま哨戒をつづけていた。やがてP-51が帰りはじめたのを見て、岡田中尉機が編隊を離れ、単独で追撃をはじめてしまった。岡田中尉の行動を見送り、哨戒をつづけ南京市街上空を西に飛んでいると、左後上方からP-51が1機、古川軍曹の僚機、青島曹長機に向かってきた。それに気づいた古川機はこのP-51に戦いを挑み、射撃で機首から白煙を噴出させた。

単独で深追いをした岡田肇造中尉は未帰還となった。この南京上空の空戦が中国戦線で最後の大規模空中戦となった。9戦隊と、48戦隊（野口清軍曹）の操縦者がそれぞれ1名戦死。48戦隊ともこれが最後の戦死者となった。

「空軍抗日戦史」によれば、来襲したP-51は16機で、恩施から飛来した中国空軍、第4大隊の所属だった。彼らは南京上空で「ゼロ」30数機と交戦して10機を撃墜したと報じ、損害は帰途、故障で不時着した1機のみとしている。第4大隊はこの年の1月、装備をP-40からP-51に改変するためイ

南京の日本軍飛行場、昭和14年10月31日撮影。

昭和20年7月、日本海軍が基地にしていた海南島の三亜飛行場もたびたび空襲された(James Guffey via Carl Molesworth)。

9戦隊、第1中隊の四式戦。戦後、南京で撮影(Bill Bonneaux via Carl Molesworth)。

ンドに派遣され、5月に恩施に帰還。この日がP-51による初出撃であったが、同大隊のP-51による空戦は、これが最初で最後であった。

南京で終戦を迎えた9戦隊の保有機は二式単戦16機、四式戦4機の他、それぞれ各種の機体6機からなる配属の特攻隊4隊で、人員は空中勤務者41名、地上勤務者519名であった。終戦後、南京周辺の小さな村々はしばしば付近の武装集団の襲撃を受け、日本軍の守備隊や在留邦人が脅かされた。戦隊はこれらを救援する地上部隊の要請を受け、一週間ほどの間、協力出動を繰り返していた。その後、中国の正規軍が米軍の輸送機で続々と到着。治安の維持の責務は日本軍から中国軍に移り、周辺地域も平穏となった。8月25日、戦隊は全機で約1時間にわたって編隊飛行を行った後、進駐してきた中国空軍に全機材を引き渡し、かれらに伝習教育を実施した後、昭和21年の3月に復員した。

◎参考文献

一次資料

第五航空軍発電綴・第1巻、第2巻、第3巻、第4巻、第5巻 第五航空軍支那航空資料綴／五航軍参電1718号（第5航空軍参謀長）防衛研究所

1944年、MISSING AIR CREW REPORT (MACR) 11642.MACR 11641.MACR 1054.MACR 1053.MACR 553.MACR 554.MACR 9299.A Mission Report September 21.1944 CHIHKIANG.FLIGHT OPERATIONAL INTELLIGENCE REPORT FIGHTER 17 November 1944.FLIGHT OPERATIONAL INTELLIGENCE REPORT FIGHTER 18 November 1944.FLIGHT OPERATIONAL INTELLIGENCE REPORT FIGHTER 14 November 1944.FLIGHT OPERATIONAL INTELLIGENCE REPORT FIGHTER 25 March 1945,

書籍

日本陸軍戦闘機隊（秦郁彦・監修、伊澤保穂・編集）酣燈社 1984年、戦史叢書・中国方面陸軍航空作戦（防衛庁防衛研修所 戦史室）1973年、戦史叢書・満州方面陸軍航空作戦（防衛庁防衛研修所 戦史室）朝雲新聞社1973年、戦史叢書・中国方面海軍作戦[2]（防衛庁防衛研修所 戦史室）朝雲新聞社 1975年、飛行第33戦隊戦闘詳報抄史（生井清）、リバイバル戦記コレクション26・B29戦略爆撃隊を壊滅せよ（益井康一）光人社1992年、湘桂作戦（森金千秋）図書出版社 1988年、司令部偵察飛行隊（河内山譲）叢文社 1988年、秘録大東亜戦争4大陸朝鮮篇 富士書苑 1954年、未知の剣（渡辺洋三）文春文庫 2002年、温故1942（劉震雲）中国書店 2006年、我が義弟 蒋介石（馮玉祥）1976年、銃後の中国社会（笹川裕史、奥村哲）岩波書店2007年、本土空襲を阻止せよ！（益井康一）光人社2007年、空軍抗日戦史、JAAF ace Lt. Moritsugu Kanai (by Yasuho Izawa/伊澤保穂) "Aero Album" Volume 4, #2. Summer 1971、SHARKS OVER CHINA The 23rd Fighter Group in World War II (by Carl Molesworth) BRASSEY,S 1999. WING TO WING Air Combat in China 1943-45 (by Carl Molesworth) ORION BOOKS 1990.CHENNAULT, S FORGOTTEN WARRIORS The Saga of the 308th bomb group in China (by Carroll V.Glines) Schiffer Military History 1995.AIR WAR PACIFIC AMERICAN AIR WAR AGAINST JAPAN IN EAST ASIA AND THE PACIFIC 1941-*1945 CHRONOLOGY (by ERIC Hammel) Pcifica Press 1998.DING HAO America,s Air War in China 1937-1945 (by Wanda Cornelius and Thayne Short) PERICAN 1980.CHINA BOMBERS The Chinese-American Composite

Wing in World War II (by Ken Daniels) Specialty Press 1998, PILOTS ALSO PRAY (by Tom Harmon) Thomas Y. Crowell Company 1944,"China Up and Down" (by Jhon T.Foster) ,THE B-29 SUPERFORTRESS (by Robert A.Mann) McFarland & Company,Inc.,Publishers 1977,FOURTEENTH AIR FORCE STORY (by KENN C.RUST & STEPHEN MUTH) HISTORICAL AVIATION ALBUM,GUERRILLA ONE (by Luther C.Kissick,Jr.) Sunflower University Press

雑誌

太平洋戦争証言シリーズ12「不敗の戦場、中国大陸戦記」潮書房　1988年、「丸」昭和35年10月特大号「一式戦闘機・隼」潮書房　1960年、「丸」昭和37年7月特大号「東西撃墜王列伝」潮書房　1962年、FIGHTER PILOTS in Aerial Combat FALL 1981,FIGHTER PILOTS in Aerial Combat WINTER 1982jing bao JOURNAL OCTOBER,NOVEMBER,1983

インターネット

Changing from Donkeys to Mustangs Chinese Aviation In The War With Japan, 1940-1945 (by Anatolii Demin)　http://wwwj-aircraft.com/index.htm　"Tragedy of Mission 19" (by Martin L. Mickleson) http:// www.308thbombgroup.org/ "USAAS-USAAC-USAAF-USAF Aircraft Serial Numbers-1908 to Present" http://home.att.net/jbaugher/usafserials.html

著者紹介

梅本 弘（うめもと ひろし）

1958年茨城県生まれ、武蔵野美術大学卒。著書に「雪中の奇跡」、「流血の夏」、「ビルマ航空戦」以上、大日本絵画刊。「ビルマの虎」、「逆襲の虎」カドカワノベルズ。「ベルリン1945、ラストブリッツ」学習研究社などがある。

陸軍戦闘隊撃墜戦記 **2**

中国大陸鍾馗と疾風

発行日	2008年1月11日　初版第一刷
著者	梅本 弘
写真提供	伊沢保穂、カール・ムールズワース、毎日新聞社
発行者	小川光二
発行所	株式会社大日本絵画 〒101-0054　東京都千代田区神田錦町1-7 電話／03-3294-7861（代表） http://www.kaiga.co.jp/
編集	株式会社アートボックス
デザイン	八木 八重子
印刷／製本	大日本印刷株式会社

ISBN978-4-499-22952-4
©Hiroshi Umemoto, Dainippon kaiga 2007

ACNOWLEDGMENTS
The author would like to express his gratitude to all those who have given him the benefit of their knowledge or researched for his book; Steve Blake, Martin Mickelsen, Carl Molesworth.